CRITICAL SCIENCE
クリティカルサイエンス

# 遺伝子組み換えナタネ汚染

遺伝子組み換え食品いらない！キャンペーン 編

緑風出版

# 目次●遺伝子組み換えナタネ汚染

SCIENCE

## ■第5章　GMセイヨウナタネと各種アブラナ科植物の自然交雑問題 …………………………■生井兵治（元筑波大学教授）・55



# 第Ⅱ部　市民による遺伝子組み換え（GM）ナタネ自生調査活動

クリティカル サイエンス 6

CRITICAL

SCIENCE

SCIENCE

# はじめに

## 多くの市民による調査

遺伝子組み換えナタネ自生の全国調査をスタートさせたのは、二〇〇五年のことだった。それから六年間調査に取り組んできた。私たちが調査を始めたとき、すでに農水省、環境省が地域を限定させて調査を進めていた。市民団体でも遺伝子組み換え食品を考える中部の会（中部の会）やストップ遺伝子組み換え汚染種子ネット（種子ネット）、農民連食品分析センターが調査を進めていた。私たちは、それらの点と線の調査を、全国調査にして面に拡大しようと、活動をスタートさせた。私たちの調査の最大の特徴は、広範な市民が参加した、科学的調査活動という点にある。

すでに調査を進めていた団体から、さまざまなノウハウを得て、スタートさせた。最初は、試料の扱いや検査キットの扱いで失敗の連続だった。本書に登場する河田昌東、生井兵治、金川貴博、八田純人の各氏の指導を得て、めきめき腕を上げ、六年間も続けると、さすがに手慣れたものになってきた。いまでは、どこに出してもおかしくない科学的な調査データを示すことができるまでになった。

調査の結果、思いがけないことが分かってきた。なぜこんな道路沿いや住宅地に自生しているのだろうかといった、予想もしなかった地点での検出があり驚いた。次に、ナタネの陸揚げ港や食用油工場、その二つを結ぶ道路沿いに注目していたが、飼料工場やその周辺でも見つかることが分かった。

さらには二つの除草剤に耐性を持ったものが発見された。そのような品種は作られておらず、どこかで交雑したことになる。さらには、本来一年草であるにもかかわらず、多年草化して年輪を持つものも見つかった。そして中部の会の調査でカラシナやブロッコリーと思われるものなどとの交雑種も見つかり、さらには雑草ハタザオガラシとの交雑種も発見、もはや何でもありという状態にあることが分かった。これらの事態の多くは、政府による当初の予測にはないものばかりだった。本書は、その六年間の調査のまとめである。

## 心配される生物多様性への影響

遺伝子組み換えナタネ自生の拡大や、多年草化、交雑種の広がりで、もっとも懸念されるのが生物多様性への影響である。

私たちは毎年、ヨーロッパで開かれているＧＭＯフリーゾーン欧州大会に参加して、そこで私たちの遺伝子組み換えナタネ自生調査活動について報告してきた。二〇〇八年には、その大会がドイツ・ボンで開催された。それは生物多様性条約第九回締約国会議（ＣＯＰ９）・カルタヘナ議定書第四回締約国会議（ＭＯＰ４）の開催にぶつけたものだった。遺伝子組み換えナタネの自生問題は、生物多様性に悪影響をもたらす問題であり、直接、カルタヘナ議定書にかかわる問題である。ＭＯＰ４での議論を直接見聞きして、そこでの議論の重要性を知ることとなった。しかも、次回二〇一〇年のＣＯＰ10／ＭＯＰ５の開催地が名古屋であることが分かり、その締約国会議で、この問題をぶつけていこうと考えた。そのためには六年間の活動を集大成する必要があると考え、まとめたのが本書である。

## 抜き取り隊結成や政府や自治体との交渉

ＧＭナタネの自生の拡大に対して、市民として何ができるのか。汚染がひどい地域では、調査と並行してＧＭナタネの抜き取り作業が進められた。千葉県では種子ネットが、三重県では中部の会が、先行して進めていた。福岡県でもグリーンコープの組合員が「抜き取り隊」を結成して、抜き取りを開始した。

それと同時に、県や市などの自治体に対して、汚染対策を求めるとともに、ＧＭ作物栽培規制の条例制定を求めるなど、交渉を進めていった。

さらには遺伝子組み換えナタネ自生調査とカルタヘナ議定書との関係を知れば知るほど、現在、日本で施行されているカルタヘナ国内法の不備が、より鮮明になってきた。この法律では、野放しになっている遺伝子組み換えナタネの自生に対応できず、このままでは汚染は拡大することはあっても、減少することはあり得ない。食料輸入を優先して、生物多様性を守る気などまったくない、といわざるを得ない。そのため政府との交渉にも取り組んだ。しかし、政府の重い腰は、動く気配すら見せなかった。

遅々としてはかどらない、国との交渉であるが、名古屋で開催されるカルタヘナ議定書第五回締約国会議（ＭＯＰ５）の結果次第では、日本政府も大きな政策の変更を迫られる。そのため、ＭＯＰ５へ向けて働きかけを強めてきた。その働きかけの基本的な立場を「市民提言」としてまとめた。この提言は、遺伝子組み換え食品いらない！キャンペーンが事務局を担っている「食と農から生物多様性を考える市民ネットワーク」がまとめたものである。

野放しの汚染をくい止めるためには、ＭＯＰ５での議論の行方に注目するとともに、カルタヘナ国内法の改正を行なう必要がある。六年間の活動をふまえて、今後も活動は継続させていく。興味を持たれた方は、ぜひ私たちの活動に参加してほしい。

天笠啓祐

# 第Ⅰ部　遺伝子組み換え（ＧＭ）ナタネの自生とその拡大

■第1章

# 遺伝子組み換えナタネ自生調査が示すもの

■河田昌東（遺伝子組み換え食品を考える中部の会）

## はじめに

二〇〇四年六月に農水省が茨城県鹿島港周辺で遺伝子組み換えナタネ（以下、ＧＭナタネ）の自生を発表後、すぐに遺伝子組み換え食品を考える中部の会（以下、中部の会）は近辺のナタネ輸入港である三重県四日市港と名古屋港で同様なＧＭナタネの自生を発見した。通常、在来ナタネは春に花が咲き、夏には結実し枯れてしまうが、この時発見した除草剤耐性ナタネは、七月にも関わらず開花し元気に育っていた。これをきっかけに遺伝子組み換え食品いらない！キャンペーンが呼びかけて、二〇〇五年から全国的なＧＭナタネの自生調査が始まった。その結果、茨城県鹿島港はじめ、千葉港、横浜港、静岡県清水港、岡山県水島港、神戸港、福岡県博多港までナタネ輸入港のすべての周辺でＧＭナタネの自生が見つかっている。ＧＭナタネの自生が国内農業に与える影響を避けるために、千葉港周辺では市民グループが中心となって、二〇〇五年からＧＭナタネの抜き取りが始まった。遺伝子組み換え食品を考える中部の会も二〇〇六年から大規模抜き取り調査を開始、二〇〇九年には福岡でグリーンコープ・グループが博多港周辺のＧＭナタネ抜き取りを開始した。こうした努力により、二〇〇八年までは千葉港や四日市港、名古屋港周辺ではＧＭナタネの自生が減少するかに見えたが、二〇〇九年度になり予想外の事態が発生した。名古屋港でも四日市港でも過去最大数の西洋ナタネ（カノーラ）の自生が確認され、博多港でも同様な自生の増加が見られた。こぼれ落ちたGMナタネの種子は、土中で五〜六年以上も発芽能力を保持することから、気候変動の影響で発芽が促進されるなど、短期間の抜き取りでは十分な対策にならず、このままでは在来種のGM遺伝子汚染を止めることが困難な事態も予想されるのである。

## GMナタネ自生の原因

日本は世界最大のナタネ輸入国である。二〇〇八年度は、茨城県鹿島港、千葉港、東京港、横浜港、静岡県清水港、名古屋港、三重県四日市港、大阪港、兵庫県神戸港、岡山県宇野港、岡山県水島港、福岡県博多港で合計二三〇万トンのナタネが輸入された。これまでの調査でほとんどすべてのナタネ輸入港周辺で、GMナタネの自生が確認されているが、自生の様子は各港により大きく異なる。理由は、荷揚げから製油工場までの輸送途中に種子がトラックからこぼれ落ちる程度が異なるためで、輸送距離が長いほど種子の拡散が大きいからである。近年作られた大規模な製油所の多くは港湾内にあり、陸揚げ後すぐにサイロに収納され、近接した製油工場に送られるため、種子のこぼれ落ちの頻度が格段に少ない。それに比べ、昔から操業している製油工場は必ずしも港湾周辺になく、長距離のトラック輸送が行なわれている。中でも三重県四日市港の場合、港から約四〇キロメートル南の工場まで輸送するため、種子のこぼれ落ちによる自生は特に多く、遺伝子汚染による環境と農業への影響が懸念される。二〇〇四年以来の調査結果では、自生ナタネにおけるGM化の割合は増加する傾向にあり、カナダにおけるGMナタネの栽培割合の増加を反映していると思われる（図1）。

## 多年草化したGMナタネ

本来、ナタネは発芽成長し結実すると枯死する一年草である。ところが、カナダからやって来る西洋ナタネは、カナダと日本の気候の違いからか、開花結実しても枯死せず、そのまま生き続けて再び開花結実するものも珍しくない。その結果、多年草化して巨大化し、中には茎が直径三〜六センチもある巨大なものも見つかっている。

多年草化は遺伝子組み換えとは直接関係がなく、非組み換え体でも起こる。多年草化したナタネの茎には明らかに年輪が刻まれ、何年生き残ったかが分かる。こうした巨大化は栽培植物が野生化する過程でしばしば見られる現象とも言われる。多年草化した西洋ナタネは、しばしば地下茎を形成し、地上部のみを駆除しても、また新たに芽を出して成長する厄

図１　四日市地域の自生 GM ナタネの推移

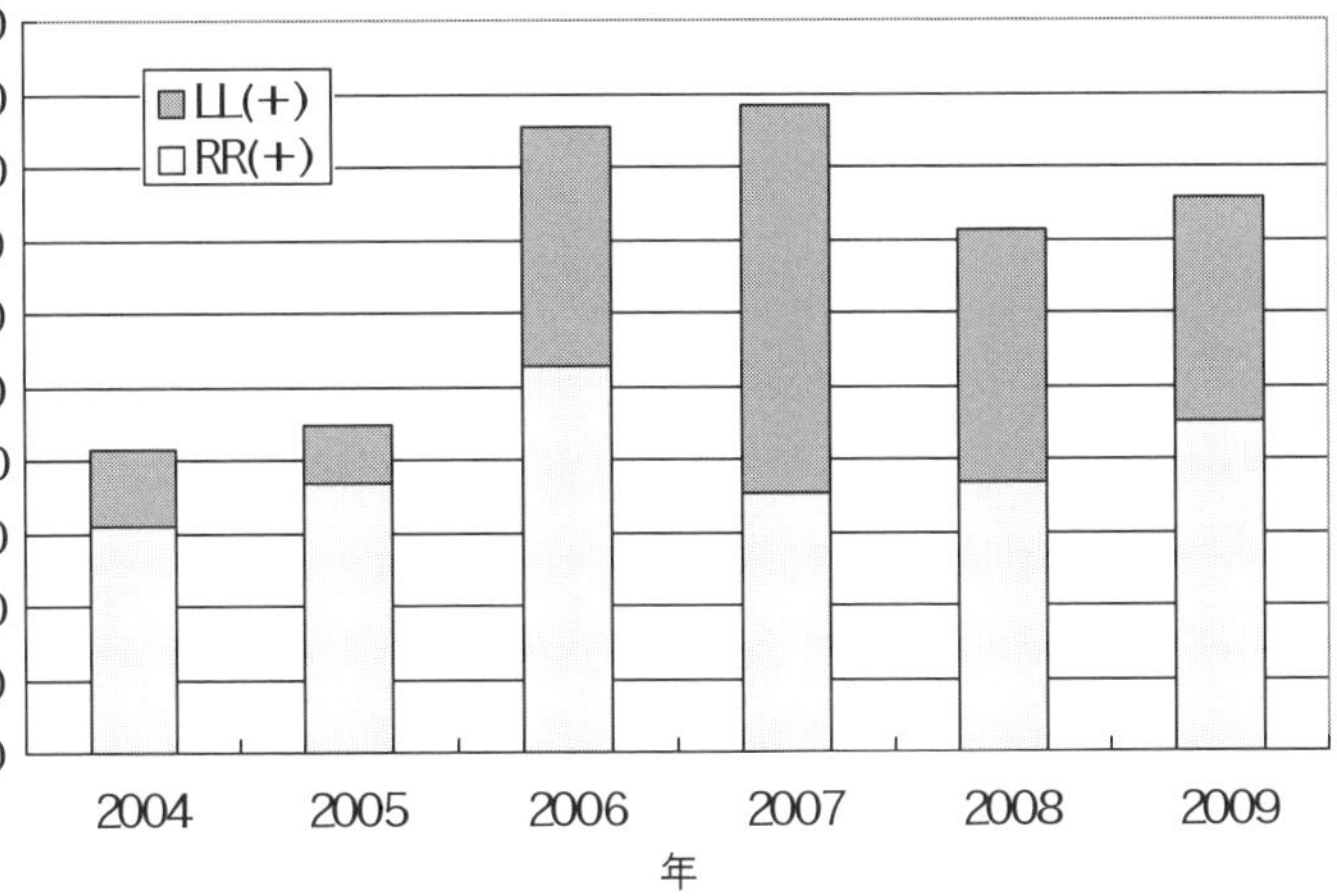


LL：除草剤バスタ耐性　　RR：除草剤ラウンドアップ耐性

群生する除草剤耐性ナタネ

介な存在である。

多年草化に伴い、ＧＭナタネは春や秋ばかりでなく年中開花結実している。このことは、国産のナタネ科作物や、野生の西洋カラシナなど、様々な時期に開花する近縁野生種や農作物との交雑の危険が増えることを意味する。

## 始まった世代交代

ＧＭナタネの自生は当初、輸送トラックからのこぼれ落ちが原因であった。しかし、多数のGMナタネの自生が継続した結果、GMナタネは自ら実らせた種子を周囲にばら撒き、子孫を作るようになった。即ち、国内で世代交代が起こっているのである。農水省や環境省はこの事実を認めないが、我々の調査では疑いようのない現実である。

その結果、輸送業者がトラックの構造を改善し、こぼれ落ち防止に努めても自生はとまらない。いったんこぼれ落ちたナタネの種子は、長期間発芽能力を保持する、といわれており、世代交代が始まった以上その根絶は難しいと思われる。

## 内陸部でのGMナタネ自生と新たな汚染源

GMナタネの自生はナタネ輸入港周辺に多いが、これまでの調査で港とは離れた内陸部でのGMナタネの自生が新たに見つかっている。それは食用の加工に適さない不良品の処理が原因である。

船倉での水分によりカビが生えたり、ごみと一緒になって食用にならない「事故ナタネ」は本来産廃処理されるはずである。しかし、実際にはこうした事故ナタネは特別な業者によって集められて搾油され、自動車部品を作る工場などで切削油として使われている。その結果、こうした業者がある内陸部の工場まで各地の港から輸送される途中で、GMナタネがこぼれ落ち自生する。同様の事故ナタネは船倉に限らず、一時貯蔵するサイロで発生するサイロ・ダストとしても発生するが、事故ナタネの詳しい実態はほとんど分かっていない。

また、最近の我々の調査では、名古屋港での家畜飼料製造工場が原因と見られるGMナタネの自生が見つかっている。さらに小規模ではあるが、小鳥の餌を調合する工場や、ナタネの油粕を堆肥化する工場でもこうしたGMナタネの自生の恐れがあり、今後GMナタネの自生範囲は更に広がる可能性がある。

## 多重耐性GMナタネの出現

自生が継続した結果、GMナタネに予期しない様々な変化が起こっている。その一例は、二種類の除草剤耐性GMナタネの出現である。モンサント社が開発した「ラウンドアップ耐性」とバイエル社が開発した「バスタ耐性」の両方の性質をもつ「多重耐性ナタネ」、いわゆる「スタックGM」が見つかるようになった。カナダにおける栽培の割合は圧倒的にラウンドアップ耐性種が多いが、何故か国内の自生ナタネは近年バスタ耐性種の割合が増加傾向にある。その原因は現在不明である。

二〇〇六年に千葉港でラウンドアップ耐性とバスタ耐性の

両方の性質を併せ持つＧＭナタネが発見されたが、それ以来二〇〇八年には鹿島港と四日市港周辺で、二〇〇九年には四日市港周辺で、相次いで両方の除草剤に耐性を持つ「多重耐性ナタネ」が見つかっている。本来別の企業が開発し、別個の特許を持つ二種類のナタネが同じ場所に自生する結果、お互いの交雑によって、こうした多重耐性ナタネが出現したのである。これは、国が一九九六年にＧＭナタネの食用と栽培の認可をした当時には想定されていなかった事態であり、その扱いをどうするかは今後大きな問題となろう。

多重耐性ナタネは環境省の四日市港周辺の調査でも確認されている。

## 在来種との交雑

中部の会では、二〇〇八年に事故ナタネを処理する工場のある愛知県内の内陸部でＧＭナタネの自生を偶然発見し、推移を注目してきた。場所は愛知県豊川市内の西古瀬川周辺である。この周辺には従来から多数の在来ナタネや西洋カラシナが野生化し自生している。そうした環境下で、ＧＭ西洋ナタネが入り込んだ結果、ＧＭ西洋ナタネと在来ナタネ、ＧＭ西洋ナタネと在来西洋カラシナとの交配種と疑われる個体が複数見つかった。外形的には在来ナタネだがラウンドアップ耐性、外形的には西洋カラシナだがラウンドアップ耐性の株である。

また、二〇〇九年一一月、我々は三重県津市内の国道二三号線沿いの空き地で、ラウンドアップ耐性ブロッコリーを複数株発見した。

農水省は、こうした交配種発生の危険はないと主張するが、そもそも、カナダ政府はＧＭナタネ栽培の安全性を審査するに当たり、こうした交配種の発生はある確率で起こる、と記載している。

在来ナタネや西洋カラシナと西洋ナタネ、キャベツ、ブロッコリー等との交雑は、戦前日本でアブラナ科の進化について研究した在日韓国人、Woo Jang-choon（禹長春）によって理論的に解明され、Woo のトライアングルとして世界的にも知られ、理論的にも確立されている。また、西洋ナタネと他のアブラナ科作物や雑草との交雑の事例は世界中で多数発見されている事実がある。我々の他に国内では国立環境研究所が二〇〇八年度に四日市地域で、在来ナタネとラウンドアップ耐性西洋ナタネとの交雑種を確認している。

## ＧＭ遺伝子の不安定性

最近になって思いがけない事態が生じている。それはＧＭ

遺伝子の不安定性を示唆する現象である。農民連食品分析センターの調査によれば、検査キットによる簡易検査結果とDNA分析の結果が一致しない例が増えている。(注1)試験紙による簡易検査で陰性でもPCR法によるDNA検査(注2)では陽性、その逆、などである。生物には外来のタンパク質を異物と認めれば、それを化学的に修飾（ユビキチン化という）し、分解されやすくする働きがある。除草剤耐性タンパク質がユビキチン化されれば機能を失い分解される結果、DNAはあってもタンパク質は検出できないこともありうる。

また、外来遺伝子DNAが宿主生物によって、メチル化などの修飾を受け不活性化することもありうる。除草剤耐性遺伝子があっても、そのスイッチとなるプロモーターに突然変異が起こってm－RNA（メッセンジャー－RNA）(注3)が作られなければ、除草剤耐性を付与するタンパク質は出来ない。また、簡易検査は、タンパク質に対する抗原抗体反応を利用しているので、除草剤耐性タンパク質が出来ていても、抗体との結合部位に突然変異が起こり、抗体と反応しなければ、タンパク質があっても簡易検査では検出できない。こうしたことが起これば、GMのDNAはあっても見かけ上非GMとされ、より検出されにくくなる結果、在来種との交雑が起こってもDNAレベルではGM陽性でも簡易検査では非GMとなる。

開発メーカーも認可当局もGM遺伝子は安定的に伝播することを前提にしており、こうした不安定性が自然界で起これば、見えないところで遺伝子汚染が進行する恐れがある。中部の会の調査でも二〇〇九年に四日市港周辺でこうした簡易検査で陰性、DNAチェックで陽性の例がラウンドアップ耐性とバスタ耐性の両方で検出されている。

## 雑草へのGM遺伝子移入

これまでGM汚染はGM西洋ナタネ（*Brassica napus*）と在来ナタネ（*Brassica rapa*）や西洋カラシナ（*Brassica juncea*）などアブラナ科の*Brassica*属同士の交配による遺伝子汚染が問題となってきた。

ところが、中部の会では二〇〇九年一一月に、四日市港周辺でこれらとは明らかに異なる除草剤耐性の雑草を発見した。二〇一〇年六月に国道二三号線を調査した結果、更に一二検体の除草剤耐性の雑草と一検体の非組み換え雑草を発見した。これらは外形的にはナタネとはまったく異なっており、周辺に生えているアブラナ科の雑草「ハタザオガラシ（*Sisymbrium altissimum*）」との交雑種であると考えられる。外形的にも良く似ているが、多くは不稔で種子が形成されていないが多年草化している。GMハタザオガラシと本来のハタザオガラシとの間で「戻し交配」がおこれば、GM遺伝子は広く拡散することになろう。ハタザオガラシは日本国内だけでなく、中国や朝鮮半島にも広く自生する雑草である。これまで、西洋ナタネとの属間雑種は海外でスカシタゴボウ（Rorippa islandica）との間で確認されている。スカシタゴボウも国内で多数自生しているアブラナ科の雑草である。

今回発見された除草剤耐性雑草は、ラウンドアップ耐性とバスタ耐性のほかに、この両者に耐性の多重耐性のものも存在する。これらは、全て簡易検査に加えて、PCR法によるDNAの検査でも確認されており、雑草へのGM遺伝子移入は科学的事実である。二〇一〇年六月二〇日に発見されたGM雑草の陽性率は九二％を超えており、通常発見される自生GM西洋ナタネの陽性率七〇～八〇％を大幅に越えている。これが偶然の結果か、あるいは属間雑種の結果かは、今後の調査で判明するであろう。

除草剤耐性の雑草ハタザオガラシ

## 責任の所在

GMナタネ自生の直接の責任は、輸送中のこぼれ落ちを起こす製油会社と輸送業者にある。しかし、こうした中小の製油会社は、かつて国産ナタネから食用油を作っていた。国産ナタネが輸入ナタネに取って代わられた結果、意図せずにGMナタネの製油を行なうようになった被害者でもある。中部の会では、製油会社と交渉して輸送トラックの構造改善を進め、こぼれ落ちの対策を取ると同時に共同でGMナタネの駆除を行なっている。しかし、冒頭でも述べたように二〇〇九年六月七日にはかつてない多数の自生ナタネが発見された。当日の抜き取りは一一二九株の多数に上り、その約六〇％が除草剤耐性であった。

モンサント社やバイエル社は自社のGMナタネの特許を主張し、カナダのパーシー・シュマイザー事件の例に見られる裁判沙汰まで起こしている。しかし、海外でのGMナタネの自生については全く黙秘し責任を回避している。特許を主張する以上、自社のGMナタネの自生には責任があると我々は考える。

GMナタネの輸入が許可され、食品と栽培の認可が行なわれた一九九六年当時、政府にこうしたGMナタネ自生に対する認識は薄かった。実際、遺伝子組み換え生物に関するカルタヘナ議定書が成立したのは二〇〇〇年一月であったことから、国際的にもこうしたGMナタネの自生によって生ずる被害と対策については議論が不十分だったと考えられる。その結果、日本政府はGMナタネの栽培認可に当たって、その野生化に対する対策を怠ったばかりでなく、二〇〇八年ドイツで開かれた生物多様性条約の国際会議（COP9）やカルタヘナ議定書締約国会議（MOP4）の場で、規制強化をもとめるヨーロッパ各国や途上国と対立し、輸出国アメリカなどの立場を擁護して国際的な非難を浴びている。二〇一〇年一〇月には、名古屋でCOP10とMOP5が開催される。我々はGMナタネの自生が国内農業の保護と生物多様性保護の観点から無視できない問題と考え、GMナタネのメーカーと輸出国の責任を明確にし、これを認可した国に厳しい対策を要求するものである。

## 注

注1　簡易検査：試験管の中に葉の一部を入れ爪楊枝で分解し、そこに試験紙を入れ、遺伝子がもたらすタンパク質への反応を見て、GMナタネかどうか判定する。

注2　DNA検査：ナタネの細胞からDNAを抽出し、遺伝子レベルでGMナタネかどうか判定する。

注3　m-RNA（メッセンジャー-RNA）：DNAの情報を伝達してアミノ酸をつないでいく役割をはたしているもの。そのアミノ酸がつながったものがタンパク質である。

■第2章

# 遺伝子組み換え技術の基本的な問題点

■金川貴博（京都学園大学 バイオ環境学部 教授）

## 1　遺伝子組み換え技術の危険性論議

遺伝子組み換え技術は、危険な技術である。このため、この技術が誕生した時から現在に至るまで、この危険な技術をどのようにして安全に使うかという議論が絶えず行なわれてきた。遺伝子組み換え技術は、もとは微生物を対象にした技術であり、安全性の論議は、微生物を扱う学者間で活発に行なわれた。慎重論を唱えたのは、微生物の自然界での挙動を研究する学者（微生物生態学者）が主体であり、推進論は、微生物を物作りなどに利用するための研究を行なう学者（応用微生物学者）であった。そして、この議論に決着がつかぬままに、遺伝子組み換え実験が広がっていった。その過程で当初の厳しい規制が、どんどん緩められた。規制緩和の理由は、科学的な知見が増えたからという面もあるが、むしろ、遺伝子組み換え技術が、その利用者に大きな利益をもたらしたという経済的な側面が大きい。このため、経済面に引きずられて、議論が相当にゆがんでしまっているように思われる。

農林水産省の人たちは「消費者は、遺伝子組み換え技術に無知だから遺伝子組み換え作物に反対するのであって、もっと技術の中身を知れば、賛成の人が増えるはずだ」と、盛んに発言しているが、これは実に失礼な発言である。ヨーロッパで行なわれた調査の報告書には「遺伝子組み換え生物について知れば知るほど、人々は懐疑的になり、もしくは賛否両極へ分かれていく」（筆者訳）と記載されており、日本でもそのとおりであると思われる。当初に慎重論を唱えた微生物生態学者は、今も基本的な考えは同じであろう。遺伝子組み換え技術の危険性については、今後も議論を続けなければならない課題である。

## 2 遺伝子組み換え作物とは

現在流通している遺伝子組み換え作物は、細菌などに由来する遺伝子を作物へ人工的に導入して作られたものである。「組み換え」という日本語は、何かを入れ替えることを意味するが、「遺伝子組み換え技術」は、外来の遺伝子を入れる技術であって、入れ替えを意味しない。英語ではGM（Genetically Modified）つまり、遺伝子改変である。

それでは遺伝子組み換え作物はどのように作製されるのか。よく使われる方法に、パーティクルガン法がある。これは、導入したい遺伝子を小粒の金の表面にくっつけて、銃で植物細胞へ撃ちこむという方法である。この方法で何億個かの細胞へ遺伝子を打ち込めば、そのうちの一個または数個の細胞で導入遺伝子がうまく働くことがある。その各細胞を育てたのが遺伝子組み換え作物である。次にその作物の安全性を検討するために、導入遺伝子が細胞のどこに入ったのかを調べる。しかし、導入遺伝子がちぎれてしまうと発見が難しく、遺伝子の断片が意外なところに入っていることにあとで気づいて、その作物の安全性が問題になることがある。

遺伝子組み換え作物の作製によく使われるもう一つの方法は、アグロバクテリウム法である。これは、導入したい遺伝子を植物病原細菌の中へ仕込み、この菌を植物に感染させて、遺伝子を植物細胞内に導入する方法である。

いずれの方法を使ったにしても、遺伝子組み換え技術で行なうことは、遺伝子を植物細胞に導入することまでであって、導入された遺伝子が細胞内のどこへ行くかは運任せである。これがうまい位置に入り込む確率は非常に低いので、何億個かの細胞に遺伝子を導入した後で、使えそうなものを探すことが必要になる。この探索のために、抗生物質耐性の遺伝子を一緒に導入して、これを目印にするのであり、このために、抗生物質耐性遺伝子の安全性も問題になる。もしヒトの病気治療に重要な抗生物質の耐性遺伝子を作物に入れると、これが環境中にばらまかれて耐性菌が出る可能性があるので、遺伝子組み換え作物に使う耐性遺伝子は種類が制限されている。しかし、認可されていないものを使った遺伝子組み換え作物が商業栽培されて出回ったことがあり、開発者のずさんさが露呈した。

技術が改善されて、意図した場所へ外来遺伝子を組み入れることができれば、遺伝子組み換え作物の安全性が高まるかもしれない。しかし、まだそのような方法がなく、導入した遺伝子の行方は運任せであり、さまざまな安全性の問題を生じる。また、遺伝子組み換え作物がうまくできる例が少なく、実際に流通している遺伝子組み換え作物の種類は限定されている。

## ３　遺伝子の働きは

遺伝子組み換え技術の問題点を理解していただくために、遺伝子の働きをたとえ話で説明しよう。以下のたとえ話では、何を何にたとえたかがわかるように専門用語をかっこ内に、その一例を二重かっこ内に付記する。

動物も植物も多数の細胞からできており、一つの細胞を、一つの大きな工場にたとえることができる。この工場（細胞）の内部は水で満たされていて、ここには数千種類のロボット（タンパク質）が浮かんでいる。ロボットはその役割から、作業ロボット（酵素）、攻撃ロボット（殺虫タンパク質、免疫タンパク質など）、運動用ロボット（筋肉の繊維など）、構造ロボット（コラーゲン、ケラチンなど）、信号伝達ロボット（ホルモン）などに分類できる。ロボットは、役割が高度に専門化されていて、特定の仕事だけを行なう。ロボットは、共通の部品（二〇種類のアミノ酸）でできており、部品の並び順（アミノ酸配列）で、ロボットの性質が決まる。種類が、最も多いのが作業ロボットで、これは特定の物質を別の物質に変える作業（触媒作用）をする。

工場内には、作業ロボットを無差別に分解するロボットや、特定の印が付いた作業ロボットを分解するロボットがいる。その一方で、分解して得られた部品から新たなロボットを作りあげるロボットも常に働いている。工場内で作業ロボットが作られてから分解されるまでの時間は、作業ロボットの種類によって異なるが、ほとんどが数分から数十分である。つまり、作業ロボットを短時間で分解しつつ、一方で必要な作業ロボットを作っている。これは、とても無駄な作業をしているように見えるが、このおかげで、状況の変化に応じて、その時に必要なものを生産することができる。

工場には、特別室（核）があって、そこに金庫（染色体）がある。金庫には、文字が書かれた細くて長い糸が収めてある。この糸が先祖伝来の文書（染色体ＤＮＡ）である。その文書には、ところどころにロボットの設計図（遺伝子）が書いてあるが、ロボットの設計図と言っても、複雑な図が書いてあるのではなくて、部品の並び順（アミノ酸配列）が書いてあるだけである。また、その設計図の手前（上流）には、そのロボットを作るタイミングが書いてある。そのタイミングが来ると、設計図が転写され、転写された設計図（m-RNA）は特別室から作業場へと出る。そして、その転写図面に従ってロボットが作られ、工場内の生産ラインが、一瞬一瞬で組み変わっていく。転写図面はすぐに分解され、ロボットも短時間のうちに分解されてしまうので、特別室から転写図面が出てこなければ、ロボットは分解される一方になり、工場内の生産ラインが止まってしまう。つまり、細胞が死ぬ。

遺伝子とは、先祖伝来の文書（染色体DNA）の中のロボット（タンパク質）の設計図の部分を指す。遺伝子を転写し、転写図面からロボット（タンパク質）を作るという作業は、生きている全ての細胞内で常に行なわれている。遺伝子は、遺伝にだけ関与するのではなく、生物が今を生きるのに必要なタンパク質の設計図であり、それがタイミングよく転写されることで、生物が生きていける。この転写が全部止まれば、その細胞は死ぬ。また、転写のタイミングが悪いと、正常な活動ができなくなる。

## 4　遺伝子とDNAの関係

前記のとおり、遺伝子は染色体DNAという糸状の細長い物質の一部を指す言葉である。たとえて言うなら、JRが東海道本線（東京—神戸間）のうち、京都—大阪間をJR京都線と呼んでいるようなもので、染色体DNAのうちの特定の部分を遺伝子と呼ぶ。

DNAをもう少し詳しく説明すると、DNAとは、四つの構成要素（A、T、G、Cと略称される）が一列に並んだ物質である。たとえば、ヒトの一一番目の染色体のDNAは、一億四八〇〇万個の構成要素が一列に並んでいて、その内の一八四八カ所が遺伝子である。このDNAの一部を記述すると以下のようになる。

GCCACACCCTAGGGTTGGCCAATCTACTCCCAGGAGC
AGGGAGGGCAGGAGCCAGGGCTGGGCATAAAAGTCA
GGGCAGAGCCATCTATTGCTTACATTTGCTTCTGACAC
AACTGTGTTCACTAGCAACCTCAAACAGACACCATGG
TGCACCTGACTCCTGAGGAGAAGTCTGC（以下略）

これはいわば、四種類の文字で作られた暗号文である。コンピューターソフトの場合は、〇と一という二種類の文字の列であるから、それとよく似ている。右記の文字列のうち、最後のATG以降（下線部）がタンパク質の設計図になっており、この部分を遺伝子と呼ぶ。

しかし、このようなアルファベットの羅列では解説がしにくいので、DNAを平仮名でたとえてみよう。

ああしみたいらたていぎゅうにゅうをのんだときに
つくるめたいうさまめあえかおけこささらしすこい
ちうにおねきそたひらほてろみそてあちろらてとしてし
けとましてはたてせとおわりまりくすたいよくしいおや
ぬゆぬいくわとちしりけそあけ（以下略）

ここでは、傍線がひいてある文字列がタンパク質の設計図（ここはたとえ話なので、でたらめに書いてある）で、これを遺伝子と呼ぶ。遺伝子の手前には、その遺伝子をいつ転写するのかを決める文字列（斜体で示してある）がある。これを専門用語ではプロモーターというが、ここでは「調節部分」と呼ぶことにする。遺伝子の後には、遺伝子の終わりを示す文字列（「おわり」）がある。これを専門用語ではターミネーターというが、ここでは「終了部分」と呼ぶことにする。

遺伝子組み換え技術において、遺伝子だけを細胞に導入しても意味をなさない。それがいつ転写されるのかを示す部分がないと遺伝子は転写されないし、どこで終わりかという部分がないと正常な転写図面が作れない。したがって、遺伝子組み換えで細胞に導入されるのは、「調節部分＋遺伝子＋終了部分」という組み合わせのものである。単に遺伝子だけが導入されるのではない。

調節部分は、遺伝子を転写するための道具が乗る部分であり、調節部分に乗った転写道具が遺伝子の上を移動しながら遺伝子を転写し、終了部分までくると、ここで転写道具が外れる。このように、遺伝子の前に調節部分、後に終了部分があることで、その遺伝子の転写を正常に行なうことが可能になり、そしてその次の段階として、その転写図面をもとにして、タンパク質が作られる。調節部分では、適切なタイミングで転写道具が乗るように巧妙な調節が行なわれている。

## 5　導入遺伝子の働き方が問題

作物の種が根を出し芽を出し花を咲かせるまでには、さまざまな遺伝子がタイミングよく転写されなければならない。作物がもつ約三万個の遺伝子が、作物の生長の段階や外界の環境の変化に応じて、秩序だって転写されることで作物が正常に育つ。したがって、作物の遺伝子には、生長の初期に一回だけ転写されてあとは寝ているものもあれば、常時転写されるものもある。ところが、遺伝子組み換え技術で外から加わった遺伝子は、作物の状態に関係なく勝手に転写される。遺伝子組み換え作物では、導入遺伝子の転写を指図する部分が病原ウィルス由来であり、これには作物からの調節が効かない。導入されている調節部分は、導入遺伝子を常に頻繁に転写させる性質をもっているために、転写図面が常に作られる。その結果、その図面に基づいたタンパク質（除草剤耐性酵素、除草剤分解酵素、抗生物質耐性酵素、殺虫タンパク質など）が常に作られるので、これによって作物に新しい性質が加わる。

農林水産省のホームページには、「現在用いられている遺伝子組み換え技術は、観客等三万人が入った野球場に例えると、一人か二人が外から加わるイメージになります」と書いてあったが、このたとえを使うなら、元からいる三万人の観客は、リーダーの指示に従って秩序だって行動する観客であるのに対し、外から加わった観客は、リーダーの指示を無視して大暴れをする観客である。これによって、観客に新しい性質が加わることになる。観客に配る弁当の数（作物が光合成で作る原材料の量）は、同じであるから、外から加わった観客が弁当をたくさん食べることで、もとからの観客の行動に影響が出ると懸念される。つまり、遺伝子組み換え作物は、三万人の観客に外部から一～二人が加わっただけという単純なイメージではなく、その一～二人の観客が傍若無人に暴れて他の観客に迷惑をかけているというイメージである。

遺伝子組み換え作物を別のたとえでいうなら、A社の製造工場に、B社の社長が乗り込んできて、A社の部品を使ってB社の製品も製造させているようなものである。この場合に、A社の製品を今までどおりの品質で製造できているのかどうか、疑問である。

作物の品種改良は、類似の作物間の交配なので、調節部分も同じか、または違っていても少しの差でしかない。「観客」の例でいくなら、リーダーの指示が届く範囲内での観客の入れ替わりである。ところが、遺伝子組み換え作物は、リーダーの指示が届かない観客が外から入っている。ここの点が、品種改良との大きな違いであるが、このことが一般にはほとんど知られていない。

## 6　調節部分が問題

遺伝子組み換え作物では、導入遺伝子が常に転写され続けるため、これに転写道具を取られる。このため、遺伝子の転写のタイミングに狂いを生じていると考えられる。また、外来のタンパク質を常に作るため、これにタンパク質の部品（アミノ酸）をとられて、本来作るべきタンパク質が十分に作られていないおそれがある。以上により、細胞内のタンパク質生産には全体に相当大きな狂いが生じていると思われる。細胞内で生産されるタンパク質は、大部分が、細胞内での化学反応を促進するための酵素（前記のたとえでは作業ロボット）であって、化学反応促進に生じた狂いが何を起こすかは予測できない。予想外の毒物を生じるかもしれない。

したがって、たとえば、ナタネからしぼった油を利用するときに、油にはＤＮＡもタンパク質も含まれていないから安全なのだとは単純に言い切れない。もし、調節機構の狂いから予期せぬ毒物が生じ、この毒物が油に溶ける性質のものであれば、油に毒物が混入してくる。

　これまでの安全性論議は、導入遺伝子（ＤＮＡ）そのものの安全性と、導入遺伝子によって作られるタンパク質の安全性が対象であったが、そんな狭い範囲に話を限定すべきではない。作物全体についての安全性を考えるべきである。

　ここでさらに心配なのは、ウィルス由来の調節部分がちぎれてよその遺伝子にくっついた場合である。ＤＮＡが途中でちぎれて別のＤＮＡとくっつく現象は、減数分裂時に頻繁に起こる現象で、これを「遺伝子の組み換え」と呼ぶ。名称が「遺伝子組み換え技術」と紛らわしい。厚生労働省のホームページの「遺伝子組換え食品Ｑ＆Ａ」には「従来の交配による品種改良でも自然に遺伝子の組換えは起きており」という説明書きがあるが、ここで言う「遺伝子の組み換え」は、遺伝子組み換え技術とは全く異なる現象であり、厚生労働省の係官はこれを混同しているようである。この「遺伝子の組み換え」は、遺伝子組み換え作物の安全性に大きな脅威をもたらす現象である。この「遺伝子の組み換え」などのＤＮＡが移動する現象で、外来の調節部分が変な位置に入ると、その後の遺伝子の転写を促進して、そのタンパク質を過剰に生産することになる。また、終了部分が変なところへ入ると出来損ないのタンパク質を生産することになる。これによって、何が起こるのか予測がつかない。今まで安全であるとして扱われてきた遺伝子組み換え作物が、世代を重ねるといきなり危険物に変わる可能性をもっている。アレルギーの原因となるタンパク質を多量に作る作物が出現するかもしれない。

## 7　科学で食品の安全性は立証できない

科学的な検討を行なうことによって、「危険でない」ということがわかったとしても、それが「安全である」ということを証明したことにはならない。「危険でない」と考えられていた物質が、思いもよらない被害を起こした事例は過去にたくさんある。

　特に食品については、科学で安全性を立証することは不可能である。この点は、遺伝子組み換え食品の推進派の人たちとも意見が一致する部分である。人類は、食品の安全性を、実際に長年食べてきた経験から判断してきた。そこで、推進派の人たちが考え出したのが、「実質的同等性」という理屈である。これは、既存種と新品種（遺伝子組み換え体）を比較して、遺伝子組み換え体が食品としての同等性を失っていないと判断できたなら、既存種と同様に扱っていいというものであるが、インチキくさい理屈である。そして、現在流通している遺伝子組み換え食品は、すべて、既存のものと同等とみなし得ると認定されている。

しかしながら、「実質的に同等である」という判断は、予め決められた項目について検査した結果を比較して専門家が導き出す一つの判断であって、まず、この判断が妥当かどうかについては、専門家でも意見が分かれるケースがある。また、たとえ妥当と考えたとしても、これで、既存種と同様に扱ってよいとするのは、論理的におかしい。科学的な検討をいくら重ねても、危険性がないと立証するのは不可能であり、遺伝子組み換え作物は既存種と区別して扱うべきものである。

いろいろな食品がある中で、遺伝子組み換え食品は科学的に最もよく調べられた食品であると言う人がいるが、だから安全という論理は成り立たない。科学的な分析よりも、長年食べた経験の方が重視されるべき事項である。科学は、生物という複雑な物体を前にすると、すこぶる頼りない面があって、科学的解明には限界がある。

「実質的同等性」を言い出したのは、ＯＥＣＤ（経済協力開発機構）である。ＯＥＣＤは、「先進国間の自由な意見交換を通じて、経済成長や貿易自由化に貢献することを目的とする」ものである。国際的な機関というと、「世界中の偉い人が集まって、世の中を正しい方向へと導くように舵取りをしているのだ」と考える人もいるであろうが、ＯＥＣＤは、先進国の企業の金儲けの話をする機関であり、利権集団の取りまとめ機関であり、正義の機関ではない。

## 8　動物実験は必要ないという変な理屈

遺伝子組み換え食品については、安全評価のための動物実験をしなくてよいことになっているが、その理由書を読んだら、おおかたの人は腹を立てるだろう。ＦＡＯ／ＷＨＯ専門家協議会の報告（二〇〇〇年）には、「遺伝子組換え食品を動物に与えて安全性を評価するというのは非常に難しいうえに、意味のある情報が得られるのかどうか疑わしい実験に動物を使用するのは、動物愛護の精神に反するから、動物実験はしないことにする」という内容が書いてあって、これが現在もそのまま踏襲されている。

だから、いきなり人体実験というわけである。

## 9　「安全である」は、とりあえずの取り決め

遺伝子組み換え食品については、科学的な検討では安全性の最終判断ができないので、何らかの基準を作って、妥協することになる。結局のところ、安全かどうかの最終的な判断

は極めて政治的・政策的であり、政府が「安全であるということにする」と決めただけであるから、ほんとうに安全かどうかは、長年にわたる追跡調査をしないとわからない。ところが、実際には、これとは全く逆のことが起こっている。

ロシアのエルマコバ博士が行なった実験では、親のラットに遺伝子組み換え大豆を食べさせ、生まれた子にも食べさせたら、子ラットが次々に死んでしまった。この実験結果に対し、遺伝子組み換え作物の推進側は実験内容が不当であると否定をするだけで、決して再試験をしようとしない。また、中立であるはずの国や自治体も無視を決め込むだけで、再試験をしようとしない。もしこれが、遺伝子組み換え大豆ではない普通の大豆で出た結果であったなら、国が再試験を行なうであろう。危険かもしれない大豆を放置するわけにはいかない。ところが、遺伝子組み換え大豆であるがために、再試験をしないというのは、まったく奇妙な話である。

アーパド・プシュタイ博士の実験では、遺伝子組み換えジャガイモをラットに与えたところ、免疫力の低下と発育の阻害という結果が出た。これに対しても、プシュタイ博士を弾劾しただけで、再試験は行なわれていない。

このように、遺伝子組み換え作物の危険性を暗示する科学的データに対しては、推進派はこれをもみ消すだけで、決して安全性の再確認を行なおうとはしない。「遺伝子組み換え作物の危険性は単なる想像上のものであって、現実には危険ではない」と推進派は主張するが、危険かもしれない話を推進派が徹底して潰しているという現実がある。

## 10　科学が健全ではない

遺伝子組み換え作物に関しては、安全性を担保するための中立的な制度がない。安全であるという主張は一方的なものでしかなく、このために、安全性には多くの疑問が残る。

また、科学者間でも、遺伝子組み換え技術について自由に論議ができるような状況がない。遺伝子組み換え技術推進者に対して、遺伝子組み換え技術の安全性に関する発言をしようものなら、たとえて言うと、機嫌よく遊んでいる子供から、おもちゃを取り上げた時のような反応が返ってきて手がつけられない。遺伝子組み換え技術を飯の種としている研究者にとっては、その飯の種を取り上げるような発言をする人に対して感情的に反撃するのは当然なのかもしれないが、もう少し冷静に考えて欲しい。また、科学者の狭い世界の中で、相手の飯の種を奪うような発言はしにくいものであり、その上に、政府が遺伝子組み換え技術を推進していて、各自の研究費にも響くから、慎重論をいだいている人たちはほとんど無言になってしまう。このため、学会などでは、推進者が一方的に見解を述べるだけという状態になっている。あとになって害が出ても「当時の科学の力では予見が不可能だった」ということで推進論者は逃げてしまうのであろう。

また、科学者には、科学も技術も発展させなければいけないと思い込んでしまっている人たちがたくさんいる。どんな技術も発展させればいいというものではない。命を育む技術は発展させるべきだが、命を蝕む技術はやめるべきである。そこは冷静に判断して欲しいところである。

## 11 推進派の不勉強

遺伝子組み換え技術推進派の人たちが、遺伝子組み換え技術を十分に理解しているかというと、現実はそうではない。彼らは遺伝子組み換え技術の利用については熱心に勉強しても、遺伝子組み換え生物が他の生物に与える影響や、危険性についての勉強が不足している。このために、遺伝子組み換え生物を非常に杜撰に取り扱っている例が多く見受けられ、文部科学省も何度か注意喚起をしているが、規則が十分には守られていない。ひどい例では、規則があることすら知らないで実験を行なったりする。神戸大学では、遺伝子組み換え菌をそのまま下水に捨てた教授がいた。これにはさすがに、遺伝子組み換え推進派の人たちも危機感を覚え、最近になって「全国大学等遺伝子研究支援施設連絡協議会」が遺伝子組み換え実験の安全管理にやっとのりだした。

不勉強という点で象徴的なのは、厚生労働省のホームページの「遺伝子組換え食品Q＆A」の「遺伝子組換え技術とはどのような技術ですか」への解答が間違っているという点である。そこには、「細菌などの遺伝子の一部を切り取って（中略）別の種類の生物の遺伝子に組み入れたりする技術です」とある（二〇一〇年九月に確認したが、この本が出版されれば、この記述はこっそりと修正されるであろう）。これは、厚生労働省の係官が、遺伝子組み換え技術を正しく理解していないことをはっきり示す文である。この文の「遺伝子」を「ＤＮＡ」に置き換えてもまだ正しくない。このような基本的な部分を間違う機関が遺伝子組み換え食品の安全性を評価しているのが現状である。

## 12 環境への影響も闇の中

遺伝子組み換え作物については、ヒトへの安全性だけでなく、環境に与える影響も考えないといけない。特に殺虫性トウモロコシでは、蝶や蛾に対する毒物が大量に生産されるため、これが生態系へ大きな影響を与えていると思われる。花粉が飛んで在来種と交配して、さまざまな場所で殺虫タンパク質が生産される上に、一度入ってしまった遺伝子の除去が不可能で、殺虫タンパク質の生産が止まらない。したがって、遺伝子組み換え作物が生態系へどのように影響するのかについても、事前に十分な調査が必要であるが、これが行なわれていない。以前に、米国の研究者がオオカバマダラというチョウの幼虫に、殺虫性トウモロコシの花粉をつけたエサを食べさせたら死んでしまったという内容の論文を公表した。これに対して推進派の猛反発がでて、このような結果は実験室内では起こっても野外では起こらないという主張をしている。対象を特定の貴重な蝶だけに限れば、影響はないという結論が出るかもしれないが、他の蝶への影響は無視してよいのか。また、他の昆虫、たとえば、ミツバチへの影響はどうなのか。花粉を媒介する昆虫が死ぬと、植物の受粉が困難になって、私たちの食料に直接的な影響が出てくる。他の生物への影響も、しっかりと調べる必要がある課題である。

## 13　責任は誰が取るのか

遺伝子組み換え生物で損害が発生した場合に、誰がその損害を補償するのか。これは、現在、国際的に大きな課題になっている。発展途上国は、遺伝子組み換え生物を開発した者も含んだ関係者全員への責任追及と法的な賠償を要求しているのに対し、日本政府は、過失責任と加害者の誠意ある補償でよいとする主張をしている。

何事についても、わざとやった（故意）とか、ミスがあった（過失）という場合には、損害を賠償するのが当然である。しかし、故意も過失も立証されなかったら賠償しなくてもよいと単純には言えない。損害が発生した時に、だれがその損害をかぶるのが公平なのかは、政策的判断を要する。過失が立証されなくても補償をしないといけないケースは様々にある。たとえば、飼い犬の散歩中にその犬が人をかんだら、飼い主は自分の過失の有無に関係なく損害賠償しなければならない。製造物責任法では、欠陥品で損害が出たらメーカーが無過失でも賠償に応じないといけない。

遺伝子組み換え食品について、もし日本政府の主張に従うなら、この食品が原因で病気になったとしても、それが開発者にも政府にも予想不可能な事だったということになれば、開発者も政府も過失がないから賠償責任がないということになる。つまり、食べた人の自己責任であって、治療費は自分で払えということになる。遺伝子組み換え生物は、危険性の度合いが科学的に前もって解明しきれないものであり、こういうものを対象にした場合に、過失なければ責任なしというのは、あまりにも乱暴な主張である。そもそも遺伝子組み換え作物を輸入している日本が、自国民の不利益を省みずに、遺伝子組み換え作物を作っている国に一方的に有利になるような主張をなぜする必要があるのか、まったく不可解である。

政府の主張どおりの制度ができたなら、私たちは徹底的に遺伝子組み換え作物を排除しないと悲惨なことになりそうである。遺伝子組み換えの表示をしっかりしてもらわないと身を守れない。

## 14 危険の質が違う

遺伝子組み換え生物についての議論は、原子力発電の安全性の議論と非常によく似ている。一方がＤＮＡ（核酸）の問題で、他方が原子核の問題であり、「核」の字が付くとろくなことにならないようである。ただ、大きな違いは、遺伝子組み換え生物は増殖するという点である。このため、遺伝子組み換え生物の完璧な除去は非常に難しい。その一例に、アレルギーの懸念があるとして栽培が禁止されたスターリンク・トウモロコシがある。これは、花粉が風で飛んで思わぬ場所にまで広がり、もう除去は不可能である。日本での栽培用に輸入された非組み換えトウモロコシの種にまでスターリンクが混じっていた。種用のトウモロコシは厳重に管理されて栽培されたはずであるが、それでも混じってしまった。トウモロコシについては、花粉による汚染がひどいため、遺伝子組み換え体が一粒も混じっていないことを保証できる種を入手することが不可能になっている。

もし、現在認可されている大豆やトウモロコシが予想外の毒物を作っていて、そのことが後でわかった場合、その影響は甚大である。「その遺伝子組み換え植物が危険とわかったら、それを抜き取れば済むことだ」と発言した研究者がいたが、畑に生えているのを見ただけで遺伝子組み換え体か否かを見分けることはできず、遺伝子組み換え体だけを抜き取るのは不可能である。そうなると、その作物およびその作物と交雑するすべての植物を抜き取らなければいけなくなる。

遺伝子組み換え微生物については、もっと大変な事態になる。危険なものが環境中へ出たら、目に見えない生き物だけに拡散防止が難しい。増殖も非常に速いだけにやっかいであり、その増殖を阻止することは非常に困難である。それだけに、推進派の人たちにも、危険性に対する認識をしっかりともっていただきたい。現実に遺伝子組み換え生物を杜撰に扱う人たちがいるから、「へたな鉄砲も数打ちゃ当たる」で、とんでもない遺伝子組み換え生物が出現する可能性は高まる一方である。

■第3章

# 遺伝子組み換えナタネの現状

■天笠啓祐（遺伝子組み換え食品いらない！キャンペーン）

## 拡大する栽培面積

遺伝子組み換え（GM）作物の現状はどうなっているだろうか。二〇一〇年二月二三日、ISAAA（国際アグリバイオ事業団）によって毎年刊行されている「年次レポート」の二〇〇九年版が発表された。それによると、二〇〇九年にGM作物は、もっとも作付けされている米国が、約半分を占め、ブラジル・アルゼンチン・カナダといった北南米の国が多い。それらの国では少数の農家が広大な面積に作付けを行なっている。しかし、同レポートは、GM作物は二五カ国一四〇〇万人の農家によって作付けされ、その九〇％が途上国の農家だったとしている。途上国では、多数の農家が小さい面積に栽培しているようである。また栽培面積は前年よりも約七％、九〇〇万ヘクタール増加して一億三四〇〇万ヘクタールになったとしている。もしこの数字が正しければ、この面積は世界の農地の約一〇％に達している（表1、2）。

今回の年次レポートが特に強調しているのが、昨年、中国で殺虫性（Bt）イネとフィターゼ・トウモロコシが承認されたことである。わざわざトップで報じ、同国での市場拡大の可能性を取り上げている。フィターゼとは消化酵素であり、飼料に用いると消化効率がよくなるとともに、バイオ燃料の生産効率もよくなる。

次いでインドでBtナスが承認されたことをあげて、途上国でのGM作物の広がりを前面に出している。またブラジルがアルゼンチンを抜いて世界第二位の栽培国になったことも取り上げている。作物としては、テンサイが拡大し、GM技術としてはスタック品種（除草剤耐性と殺虫性の性質を組み合わせたもの）の増加を取り上げている。

その結果、GM品種が占める割合は、世界の大豆畑の四分の三以上、綿畑の半分以上、トウモロコシ畑の四分の一以上、ナタネ畑の五分の一以上になったとしている。

このISAAAの年次報告は、もともと数字の根拠が曖昧で、宣伝効果をねらったもので誇張されている、と環境保護団体から批判され続けてきた。例えば、インドでのBtナスはモラトリアムが決まり商業栽培も目途は立っていない。テンサイもアルファルファ同様、米国では連邦地裁によって栽培停止命令が出されており、流通は違法となる。スタック品種が増えているといっても、相変わらず除草剤耐性と殺虫性作物しかなく、年次報告が自画自賛するように成功しているとは決していえない状態にある。

FoE（地球の友）ヨーロッパが、ISAAA報告に対抗するレポートを発表した。同報告によると、GM作物は米国や南米で農薬の使用量を増加させ、化石燃料の使用量を増やしている。南米では大豆畑の拡大が熱帯雨林の消失を加速しており、併せて温暖化を加速させている、と述べている。しかもGM作物の九九％以上が家畜の飼料に用いられており、食糧問題の解決に寄与していない、と指摘している。ヨーロッパではGM作物の作付け面積が一〇％以上減少しており、世界中の小規模農家は、有機農業など地球に優しい農業を支持している、と述べている。（Foe Europe 2010/2/23）

## 干ばつ耐性、アフリカが焦点に

もう少し詳しく見てみよう。現在作付けされているGM作物は、主に大豆、トウモロコシ、綿、ナタネの四作物である。まもなくパパイアが日本の市場にも出てくることになりそうだが、遺伝子組み換え作物の開発が始まって三〇年近くがたち、栽培が始まって十数年経過しているが、作物の種類は少ない（表3）。また、導入した遺伝子がもたらしている性質は、作物自体に殺虫毒素を作らせるようにした殺虫性作物と、植物をすべて枯らす農薬にも枯れないようにした除草剤耐性作物の二種類である。現在はこの二つの性質を組み合わせた、スタック品種が増えているものの、この二種類しか出ていない（表4）。

しかも、この除草剤耐性と殺虫性の二つの性質は、耐性害虫や耐性雑草の拡大で、マイナスに転じ始めている。そのためモンサント社は、第三の戦略作物である、干ばつ耐性作物

表１　遺伝子組み換え作物の作付け面積推移

| | | | | | |
|---|---|---|---|---|---|
| 1996 年 | 170 万 ha | 2001 年 | 5260 万 ha | 2006 年 | 1 億 0200 万 ha |
| 1997 年 | 1100 万 ha | 2002 年 | 5870 万 ha | 2007 年 | 1 億 1430 万 ha |
| 1998 年 | 2780 万 ha | 2003 年 | 6770 万 ha | 2008 年 | 1 億 2500 万 ha |
| 1999 年 | 3900 万 ha | 2004 年 | 8100 万 ha | 2009 年 | 1 億 3400 万 ha |
| 2000 年 | 4300 万 ha | 2005 年 | 9000 万 ha | | |

（参考・日本の国土の広さは、3780 万ヘクタール）

（データ・ISAAA（国際アグリバイオ技術事業団））

表２　国別作付け面積　2009 年

| | | |
|---|---|---|
| 米国 | 6400 万 ha | 大豆、トウモロコシ、綿、ナタネ、カボチャ、パパイヤ、アルファルファ、テンサイ |
| ブラジル | 2140 万 ha | 大豆、トウモロコシ、綿 |
| アルゼンチン | 2130 万 ha | 大豆、トウモロコシ、綿 |
| インド | 840 万 ha | 綿 |
| カナダ | 820 万 ha | ナタネ、トウモロコシ、大豆、テンサイ |
| 中国 | 370 万 ha | 綿、トマト、ポプラ、パパイヤ、甘唐辛子 |
| パラグアイ | 220 万 ha | 大豆 |
| 南アフリカ | 210 万 ha | ナタネ、大豆、綿 |
| ウルグアイ | 80 万 ha | 大豆、トウモロコシ |
| ボリビア | 80 万 ha | 大豆 |
| フィリピン | 50 万 ha | トウモロコシ |
| オーストラリア | 20 万 ha | 綿、ナタネ |
| ブルキナファソ | 10 万 ha | 綿 |
| スペイン | 10 万 ha | トウモロコシ |
| メキシコ | 10 万 ha | 綿、大豆 |
| その他 | わずか | |
| 計 | 3400 万 ha | |

その他　チリ（トウモロコシ、大豆、ナタネ）、コロンビア（綿）、ホンジュラス（トウモロコシ）、チェコ（トウモロコシ）、ポルトガル（トウモロコシ）、ルーマニア（トウモロコシ）、ポーランド（トウモロコシ）、コスタリカ（綿、大豆）、エジプト（トウモロコシ）、スロバキア（トウモロコシ）

（データ・ISAAA）

表3　作物別作付け面積

| | |
|---|---|
| 大豆 | 6920万ha（前年6580万ha） |
| トウモロコシ | 4170万ha（前年3730万ha） |
| 綿 | 1610万ha（前年1550万ha） |
| ナタネ | 640万ha（前年590万ha） |
| その他 | 60万ha（前年　50万ha） |
| 計 | 13400万ha |

（データ・ISAAA）

表4　性質別作付け面積

| | |
|---|---|
| 除草剤耐性 | 8360万ha（前年7900万ha） |
| 殺虫性 | 2170万ha（前年1910万ha） |
| 除草剤耐性＋殺虫性 | 2870万ha（前年2690万ha） |
| その他 | わずか（前年わずか） |
| 計 | 13400万ha |

（データ・ISAAA）

を米国・カナダで申請した。トウモロコシがまもなく登場しそうであり、次に小麦を売り込もうとしている。

二〇〇八年、初めて栽培国入りした国に、アフリカのエジプトとブルキナファソがある。それまでアフリカでは、南アフリカ一カ国だけが栽培国だったが、これによって三カ国に広がった。米国政府・モンサント社、それにビル・ゲイツ財団が一体となって、いまアフリカにターゲットを絞り込み、「援助」を絡めてGM作物の売り込みを強化している。

## アジアでは稲が焦点に

アジアで焦点になっているのが、稲である。中国でBt稲が承認されたが、実際に栽培されるためには、品種登録を経なければならず、そのためにまだ数年は必要と見られている。しかし、グリーンピースの調査によると、すでにこのGM稲は実際に農家の手によって栽培が行なわれていることが判明している。このことは『ニューズウィーク』誌が実際に栽培している農家を訪れ、確認している。

バングラデシュやフィリピンでまもなく栽培が認可されそうなのが、「ゴールデンライス」である。このGM稲は、スイス・シンジェンタ社が開発した、ビタミンAの前駆体であるベータカロチンを増やした稲である。ベータカロチンを増やすと、カボチャや人参のように黄色い色がつくため、「ゴールデンライス」と名づけられた。栄養失調に起因する失明対策になるとして、主に途上国へ売り込みをはかったが拒否されてきた。そのため、無償援助に切り替えたものの、それでも受け入れる国は出てこなかった。その後、フィリピンにあるＩＲＲＩ（国際稲研究所）が、このＧＭ稲の実験を繰り返し、途上国への売り込みをはかっており、それが効を奏しつつある。

## 日本の現状

日本では、まだＧＭ作物は栽培されていない。しかし、世界最大の輸入国であり、日本人がもっともＧＭ食品を食べている。その最大の理由が、自給率の低さであり、しかも輸入先がもっともＧＭ作物を栽培している米国などからのためである。

現在、輸入しているＧＭ作物は、大豆、ナタネ、トウモロコシ、綿の四種類だが、いずれも種子の形で輸入され、もっとも多い食品が、その種子を絞って作り出す食用油であり、その油から作るマーガリンやマヨネーズなどの食品である。

種子の形で輸入するため、それが落ちこぼれれば自生する。また自生したＧＭ作物から飛散する花粉によって汚染が起きる。とくに深刻なのが、多花受粉植物で、交雑範囲の広いナタネである。

## 遺伝子組み換えナタネの現状

そのＧＭナタネの現状を見ていくことにしよう。かつてナタネは、他の換金作物が作付け・収穫し難い冬につくられる作物として、日本中いたるところで栽培されていた。その日本の代表的な風景だった菜の花畑が、一九六〇年代前半から急激に減少し、一時ほとんど見られなくなった（表５）。その結果、ナタネは輸入される作物になり、現在、自給率は〇・〇％になり、輸入先として、その大半をカナダに依存するようになった。カナダで作られ輸出されているナタネ（カノーラという品種）の三分の一弱を、日本が購入していることになる（表６参照）。

そのカナダでは一九九六年からＧＭナタネの栽培が始まり、年々作付け面積を拡大してきた。現在、日本の消費者はＧＭナタネをもっとも食べているといえる。

カナダに依存している限り、ＧＭナタネが多く混入することから、消費者の声に後押しされて、非ＧＭナタネの輸入先になったのがオーストラリアだった。オーストラリアではナタネの生産量・輸出量が増えていった。日本の輸入の割合で

表５　日本におけるナタネの自給率の推移

| | |
|---|---|
| 1964 年 | 52.3% |
| 1966 年 | 26.8% |
| 1968 年 | 14.3% |
| 1970 年 | 5.3% |
| 1974 年 | 1.0% |
| 1978 年 | 0.5% |
| 1984 年 | 0.1% |
| 1997 年～ 2008 年 | 0.0% |

（データ・九州大学大学院農学研究院）

表６　世界のナタネの状況（2009 年）

| | 生産面積 | 生産量 | 輸出量 |
|---|---|---|---|
| 世界 | 3068 万 ha | 5943 万トン | 1114 万トン |
| カナダ | 611 万 ha | 1183 万トン | 670 万トン |
| 豪州 | 139 万 ha | 191 万トン | 120 万トン |

日本の輸入量（2009 年）210 万トン

（データ・同前）

表７　私たちの食卓に登場する割合

| カナダでの 2009 年 GM ナタネの作付け割合 | 日本のカナダからの輸入の割合（2005 年） | 日本の自給率 | 食卓に出回る割合 |
|---|---|---|---|
| 93% | 81.5% | 0.0% | 75.8% |

（データ・農水省統計等）

カナダ産の割合が減り、オーストラリア産の割合が増えていった。それでも、カナダ産八一・五％、オーストラリア産一八・五％の割合である（二〇〇五年）。

いまだにカナダ産が多いのは、ナタネは食品としては大半が食用油になるが、その食用油に表示義務がないため、多くの消費者がGMナタネを食べていると思っていないからである。

どの程度食べているかを数字でみると、七五・八％（表7参照）に達する。食用のナタネ油は、約四分の三がGMナタネになっていることになる。

GMカノーラは、すべて除草剤耐性の性質で、除草剤ラウンドアップ耐性の品種（モンサント社）とバスタ耐性の品種（バイエル・クロップサイエンス社）がほぼ半数ずつを占めている。

在来のナタネには有害なエルシン酸が多く食品に適さない、というのがカナダ産カノーラに市場を席巻された理由のひとつだった。しかし、現在、日本でつくられている在来のナタネは、品種を改良してエルシン酸を少なくしたものになっており、その根拠は失われた。

カナダから入ってくるカノーラの中のGM品種の割合が増えつづけた結果、最近では自生しているカノーラの大半がGM品種である。

このまま自生が広がっていくと、近縁種が多いため、栽培種や雑草との交雑が広がり、農家の畑を汚染し、食品の安全を脅かすことになる。

■第4章

# オーストラリアでの遺伝子組み換えナタネ問題

■清水亮子（市民セクター政策機構）

## オーストラリアがGMナタネ商業栽培認可

二〇一〇年の年明け早々、オーストラリアでは遺伝子組み換え（GM）作物の栽培をめぐって、大きな出来事が起こった。一月二五日、西オーストラリア州のテリー・レッドマン農業食料大臣が、西オーストラリア州における遺伝子組み換えナタネの商業栽培を認めると発表したのだ。オーストラリア最大のナタネ栽培州である西オーストラリア州は、遺伝子組み換え作物の栽培を禁止してきた。しかし二〇〇九年、例外措置をとることによって遺伝子組み換えナタネの実験栽培を実施。そしてついに二〇一〇年、商業栽培への一歩を踏み出した。

日本のナタネの自給率は、およそ〇・〇四%。ナタネの最大の輸出国であるカナダでは、一九九六年にGMナタネの商業栽培を開始、二〇〇九年にカナダで生産されたナタネのうち九三%はすでに、遺伝子組み換えであるという（国際アグリバイオ事業団）。

主な市場は日本であるが、日本ではGMナタネから作られた油に表示義務がないため、スーパーの店頭に並ぶ食用油の多くがGMナタネを原料としているにもかかわらず、消費者はそれとは知らずに食べ続けているのが現状だ。

生活クラブ生協、生協連合会きらり、グリーンコープ生協、大地を守る会など非組み換えナタネを求める消費者、またこれらの消費者にナタネ油を提供する生産者は、カナダでのＧＭナタネの商業栽培開始以来、ナタネの輸入先をオーストラリアに変更した。国際市場に出回るナタネの生産は、カナダ、オーストラリアの二国で占められており、日本にとってオーストラリアは非ＧＭナタネの重要な供給源としての役割を果たしてきた。そのオーストラリアがいま、大きな転機を迎えている。

## モンサント社の激しい攻勢

オーストラリアでは、ＧＭ作物の環境影響と食品としての安全性について、連邦政府が審査する。ラウンドアップレディ・ナタネ（以下ＲＲナタネ、除草剤ラウンドアップに抵抗力を持つナタネ）については、二〇〇三年に連邦政府の安全性審査が終わって承認を得ているものの、それぞれの州政府は、市場への影響を考慮した上で栽培禁止措置をとる権限を持つ。その権限を使って、二〇〇七年まではすべてのナタネ栽培州においてＧＭナタネの栽培モラトリアム（期限付き栽培禁止）が設けられていた。

それぞれの州でモラトリアムの期限が設定されたが、ビクトリア州では二〇〇八年二月末、南オーストラリア州、ニューサウスウエールズ州では二〇〇八年三月末に、モラトリアムが期限を迎えることになっていた。

そのような中、遺伝子組み換え食品いらない！キャンペーンの呼びかけに応え、日本の一五五団体が、各州政府の知事にあてた「モラトリアム継続」を求める請願に署名。この署名は二〇〇七年一〇月、各州の農業大臣など州の関係者に直接手渡された。これら一五五団体の構成員は二九〇万人に上り、現地の新聞には「三〇〇万の日本人を代表して使節団が訪問」と大きく取り上げられた。

しかし、オーストラリアで安全性審査が終わっている唯一のＧＭナタネの品種、ＲＲナタネを開発したモンサント社のプロモーションは、さらに激しかった。オーストラリアではそれぞれの州に「農民連盟」という農家の立場で州政府に対してロビー活動を行なう農民団体があるのだが、モンサント社はこれらの団体への働きかけを強め、個々の農家のレベルではＧＭナタネについての評価が分かれていたものの、二〇〇七年までには農民連盟がＧＭ推進に回っていた。そしてついに二〇〇八年はじめ、東部の二州、ニューサウスウエールズとビクトリアでモラトリアムが期限切れとなってしまった。

モラトリアムが期限切れになると、新たな法律を作って栽培禁止措置をとらない限り無条件に栽培が認められる。東部二州では二〇〇八年にＧＭナタネの実験栽培を実施、二〇〇九年には商業栽培が開始された。

## 西オーストラリア州も栽培へ

一方、オーストラリア最大のナタネの生産州である西オーストラリア州では、労働党率いる前政権が、GM作物反対の立場を堅持していた。しかし二〇〇八年の州議会選挙以降、状況が大きく様変わりする。選挙では労働党が大きく議席を減らし、自由党と国民党との連立政権が誕生。労働党は今日に至るまで、一貫して遺伝子組み換え作物の栽培に反対の立場をとり続けており、私たちがモラトリアム継続を求める署名を二〇〇七年に当時のキム・チャンス農業大臣に届けた際には、大臣のGM作物反対の立場を支持するものとして大きな歓迎を受けた。しかし、政権交代直後の二〇〇八年末、テリー・レッドマン農業大臣（国民党）が、GM綿の栽培とGMナタネの実験栽培を許可し、二〇〇九年には一七名の農家が、RRナタネの「商業規模の実験栽培」（州政府の表現による）を始めた。

西オーストラリア州では、二〇〇三年に労働党政権下で「遺伝子組み換え作物栽培禁止地域法二〇〇三」（Genetically Modified Crops Free Act 二〇〇三、以下「法律二〇〇三」）が制定され、この法律を使って当時のキム・チャンス農業大臣が二〇〇四年に出した指令によって、州全体がGM作物栽培禁止とされた。二〇〇九年のGM綿の栽培とGMナタネの実験栽培は、同じ法律の「除外規定」に則って大臣が「除外命令」（exemption order）を出すことによって行なわれた。言ってみれば既存の法律の例外規定を使った形だ。

この「法律二〇〇三」は、施行から五年が経過し、二〇〇九年は見直しの年に当たった。見直しのプロセスとして「意見書」（submission、日本でいうパブリックコメントに当たる）の提出が州政府によって呼びかけられ、提出された意見書の内容をまとめた報告書が一二月二四日までに州議会と農業食料大臣に提出されることになっていた。

注目された報告書は、一一月二七日に提出された。それによると提出された意見書は四〇〇以上。うち九割がモラトリアムの延長を政府に求めた。報告書は、意見書を検討した結果として「法律二〇〇三は有効性を保ち続けている」「大臣が例外を認めてGM作物の栽培を許す決定を下す場合は、もっと透明性の高い、市民参加のプロセスがとられるべき」「GM栽培の圃場についての情報は、周辺農家に確実に知らせるべき」などと勧告した。

報告書が議会に提出されたのは、二〇〇九年の議会の最終日。二〇一〇年の議会は、二月に始まることになっていた。しかし、その直前の一月二五日、テリー・レッドマン農業食料大臣は、「法律二〇〇三」に則った除外命令を発表。その命

メトログレインセンターに穀物を積み入れるトレーラー

令には、「西オーストラリア州でGMナタネを栽培する者は、そのナタネが連邦法によって栽培を認められているものである場合、『法律二〇〇三』の適用を除外される」とある（一月二九日発行の西オーストラリア州官報から筆者が要約）。期限、場所等の制限が課せられていないため、RRナタネの栽培を行なうことができる法的制度が整った。州政府は報道に対して「これによって、生産者は自らの栽培システムに新たな選択肢を持つことになる」と発表したが、上述の報告書で勧告された「透明性の高い、市民参加のプロセス」がとられることは、ついになかった。

これによって、オーストラリアのナタネ栽培州でGMナタネの栽培を禁止しているのは、南オーストラリアとタスマニアの二州を残すのみとなった。

## 現地へ

西オーストラリア州で二〇〇九年に行なわれたGMナタネの実験栽培とは、どのようなものだったのだろうか。冒頭に触れたように、生活クラブ生協が取り扱っているナタネ油の原料は、一九九七年にカナダ産から西オーストラリア産へと切り替えられた。以後、生活クラブ生協は、定期的に西オーストラリア州を訪問している。

生活クラブに届く西オーストラリア産ナタネはまず、農場からCBH（Co-operative Bulk Handlers）という穀物集荷業者のレシーバルポイント（集荷拠点）へと運ばれる。そのナタネを港に輸送するまでがCBHの役割だ。CBHの管理するメトログレインセンター、レシーバルポイント、そして二〇〇九年GMナタネの試験栽培を行なったナタネ農家を、生活クラブ連合会の視察団の一員として二〇〇九年一二月一三日から一六日にかけて訪問した。

メトログレインセンターには容量一〇〇〇トンのサイロが三二本あり、そのうち二本はGMナタネ専用として使われていた。二〇〇九年にGMナタネの実験栽培を行なった農家のほとんどが、GMナタネを直接ここへ持ち込んだが、三人の農家だけはマウントコカビーにあるレシーバルポイントへと運び、そこからメトログレインセンターへと運ばれた。サイロにナタネを送り込むエレベーターは、GMも非GMも同一のものが使われるが、「エアクリーナーで完全にクリーニングを行なっているので、問題ない」とCBHのジョン・メリットさんは言う。メトログレインセンターへとナタネや小麦などを運び込むトラックは、幌で覆われており、こぼれ落ちによる自生植物については、農薬を使用して枯らすそうだ。

西オーストラリア州のホームページでは、レッドマン大臣がメトログレインセンターでGMナタネの搬入を視察した様子がビデオで流され、二〇〇九年に試験栽培されたGMナタネの分別が徹底的に行なわれたとアピールしている（http://www.agric.wa.gov.au/PC_93788.html?play=true&id=1）。

次に視察したエイボンという町のレシーバルポイントでは、タンパク質、油量、水分量、雑草の混入などについて品質基準を満たしているかどうか調べるためのサンプリング調査を行なっている。半径五〇キロ圏内、およそ二〇〇人の農家が、ここに作物を持ちこむ。

気になったのが雑草の基準だ。基準を記した文書には、「ワイルドターニップ、一グラム当たり六粒まで」とあった。ワイルドターニップは、ナタネと同じアブラナ科の雑草で、ナタネより少し粒が小さく、割ってみると中身が白い。ナタネは中身が黄色いので、それで区別がつく。もしGMナタネが雑草化して非GMナタネの畑に自生したら、ワイルドターニップと同様に混入する可能性があるが、割っても区別はつかない。あるいはワイルドターニップがGMナタネと交雑して、除草剤耐性を持ってしまった場合、非GMナタネにGMワイルドターニップが混入する事態も考えられる。

州内を南北に走る小麦ベルトの北端にあるカンダーディン。ここで四〇〇〇ヘクタールの農地を耕作するデイビッド・フ

メトログレインセンターでの積み入れ作業

ルウッドさんを訪ねた。今年は一六〇〇ヘクタールに小麦、残り二四〇〇ヘクタールに大麦、ナタネ、ルーピン（マメ科の一種）を八〇〇ヘクタールずつ栽培。ナタネの半分はＧＭナタネだ。小麦、小麦、大麦、ナタネ、ルーピンの順番で五年四作の輪作を行なっている。

ＧＭナタネの収量について尋ねると、「収量は在来ナタネとほぼ同じ。しかし、自分にとって一番重要なのは収量ではない。ＧＭナタネの導入で雑草コントロールが簡単になる」とフルウッドさん。西オーストラリア州ではライグラス、ワイルドラディッシュなどの雑草が深刻で、ＲＲナタネを植えることによって、除草剤ラウンドアップで雑草を徹底して駆除でき、小麦、大麦などのシリアル類の雑草コントロールが容易になるとフルウッドさんは考えている。しかしオーストラリアではすでに、除草剤ラウンドアップに抵抗力を持つライグラスが広がり始めている。ＲＲナタネは、雑草コントロールという面でいつまで有効なのだろうか。

非ＧＭナタネとＧＭナタネの間の距離についてフルウッドさんは、「政府の基準は五メートルだが、自分は一二メートル間隔をあけた」と区分管理に自信満々といったところだった。しかしこの五メートルは、モンサントの推奨値にすぎない。甘いと批判される日本政府の基準でさえ六〇〇メートルで、四キロ離れたところでも交雑したという研究結果もある。

## 続々と入るＧＭ汚染の報告

一足早くＧＭナタネの商業栽培に踏み切った東部の州では、市民団体「ＧＭクロップウオッチ」の活動によって、すでに汚染が顕在化している。ＧＭクロップウオッチは、市民からの寄付をもとに一〇〇セットのＧＭ検査キットを購入。農家と協力して地域の道路端で調査活動を行なっており、すでにニューサウスウエールズ州やビクトリア州ホーシャムで、ＲＲナタネの自生が確認されている。

ニューサウスウェールズ州のガイ・マーシャルさんは、自分の畑から近い道路わきに二〇キロにわたってナタネが自生しているのを発見。二〇検体を検査したところ、一九検体がＲＲナタネであることが分かった。

「自生ナタネの除去については、道路管理当局、郡、州、連邦政府いずれも責任を負おうとしない」とＧＭクロップウオッチのジェシカ・ハリソンさんは言う。二〇〇九年一一月一二日には、抜き取った自生ＲＲナタネをモンサントのメルボルン事務所に突き返しに行くという直接行動に訴えた

一二月一六日には、ビクトリア州にある二つの非ＧＭサイロからＧＭナタネが検出されたというニュースも飛び込んできた。それぞれ五〇〇トンのサンプルに一％の混入が見つかったが、集荷業者でありサイロを管理するグレインコープのデビッド・ジンズ氏は、新聞のインタビューに答え、サイロの中には二〇〇〇トン入るので、「実際の偶発的混入値は〇・二五％」と発言。混入値の基準は〇・九％なので非ＧＭカノーラとして出荷することができる、とした。基準値以下なので、原因の調査も行なわないと言う。

このような汚染についての報告が続々とある一方で、汚染に対する責任は一方的に非ＧＭ農家が負わされるような形で西オーストラリア州ではＧＭナタネの導入が検討されていると「憂慮する農民ネットワーク」のジュリー・ニューマンさんは指摘する。

「ここでは、カナダのパーシー・シュマイザー事件（自分で開発した自家採種の在来ナタネを育てていたシュマイザーさんの畑に、ＲＲナタネが見つかり、モンサント社から特許権侵害で訴えられた事件）は起こりません。非ＧＭナタネの農家がナタネを販売するとき、検査でＧＭナタネが検出されたら、農家はそのナタネをＧＭとして販売して、特許権使用料をモンサントに支払わなければならないのです」。オーストラリアはＵＰＯＶ条約（植物新品種保護に関する国際条約）に加盟しているので、農家はエンドポイント・ロイヤルティとしてモンサントに支払う必要が出てくるとニューマンさんは見ている。「実際このようなケースは、すでにブラジルで起きています」とニュ

日本からの視察団と話すデイビッド・フルウッドさん

ーマンさんは言う。

二月二三日には、ＧＭナタネの導入に反対する農民・消費者およそ一五〇人が、州議会議事堂前に詰めかけた。集会を呼び掛けたのは、「ＧＭフリー消費者ネットワーク」「憂慮する農民ネットワーク」「環境保全協会」などの市民団体。

テリー・レッドマン大臣は、二〇〇九年の実験栽培で、区分流通の仕組みが確認できたと主張しており、一月二五日の記者発表では「一一の小さな事故があったが、適切に処理された」とある。実験栽培について州政府がまとめた報告書が同時期に述べたが、それによると「一一の小さな事故」とは、例えば「ＧＭナタネが隣接する大麦の圃場で発芽、種まきの間の風が原因と考えられる。ＧＭナタネは手で抜きとり、二週間後に調べたところ全てのＧＭナタネが取り除かれたことを確認した」など。

集会の参加者たちは、「このような事故こそ、ＧＭと非ＧＭの交雑が避けられない証拠」と、テリー・レッドマン大臣に対し「ＧＭナタネ導入の決定を覆すこと、さもなくば辞任を」と迫った。

州議会では大臣の「除外命令」（ＧＭナタネ商業栽培の許可）に対し、上院・下院ともに「動議」が提出されたが、激しい議論が交わされた後に、動議は否決された。議論の中でテリー・レッドマン大臣は小さな譲歩をし、ＧＭ栽培農家は登録

引き抜いたナタネをモンサントに突き返す

が必要とすることを約束した。州の食料農業省のウェブサイトには、「シャイアー」と呼ばれる行政区（州の次の単位で郡にあたる）ごとのGMナタネ生産農家の数を示す地図と一覧表が掲載されている。それによると二〇一〇年のGM農家は合計で三一七人、作付面積はおよそ七万二〇〇〇ヘクタール（西オーストラリア州の穀物栽培面積のおよそ一％）。今年の作付前にモンサント社が予測していた三万〜四万ヘクタールを大きく上回る。

大臣は当初、それぞれの農場の場所が分かる地図を公開すると約束していたが、「プライバシーの問題」を考慮したとして結局のところ公開していない。近隣農家への通告は、GM農家に依頼していると言う。

## 求められる日本の表示制度改正

七月二五日、オーストラリアABC放送で「ナタネをめぐるにらみ合い」（Canola Stand-off）というおよそ三〇分のドキュメンタリー番組が放映された。GMナタネについて推進と反対の両方の立場の人たちにインタビューしたものだ。その中で、ショッキングなことが語られていた。ジュリー・ニューマンさんと「憂慮する農民ネットワーク」の活動をともにしてきたビクトリア州のジェフリー・キャラハーさんが、今年

ＧＭナタネ反対集会に集まった地域住民や農家（2008 年ホーシャムにて）

の作付を最後にナタネ栽培をやめるというのだ。番組のレポーターは、ＧＭＯフリー宣言をしているキャラハーさんの畑について、「ＲＲナタネの海に囲まれたＧＭＯフリーの島」と表現した。

同じドキュメンタリーの中で、ニューマンさんは、「ＧＭ栽培農家にＧＭを試してみる選択肢を与えるのと引き換えに、非ＧＭ農家から選択肢が奪われている」と懸念を表している。買い手の側は、非ＧＭナタネについてはＧＭの混入を恐れて、汚染がないことの証明を求めてくる。それが、非ＧＭ農家にとっては負担となる、とニューマンさんは懸念しているのだ。

日本には非ＧＭの作物を求める消費者が確実に存在する一方で、日本が米国、カナダから大量のＧＭトウモロコシ、ＧＭ大豆、ＧＭナタネを、動物の餌や食品の原料として輸入していることもまた事実である。私たちの消費行動が、世界のＧＭ作物の拡大を下支えしている事実を直視しなければならない。米国でもカナダでも、農家は日本に売れるから、ＧＭ作物を栽培しているのだ。そして、オーストラリアも、それに続こうとしている。

最初に書いたように、ＧＭ作物を原料として作られた油には表示義務がない。消費者庁はその理由を「最終製品に組み換えによるＤＮＡ、あるいはそのＤＮＡから作られるタンパク質が検出されない」としている。同じ理由でＧＭ大豆から作られた醤油にも表示義務がない。ＧＭ作物を餌として食べた動物の肉、卵、乳などにも表示義務はない。日本の消費者は、ＧＭ作物を選ばないという選択ができないのだ。この仕組みを変えない限り、日本の消費者が世界のＧＭ作物の拡大を下支えしている現状を、変えることはできないのではないだろうか。

　オーストラリアで非ＧＭナタネを作り続けるために日夜たたかっている農家を応援するのと同時に、日本の食品表示制度を変革する活動も続けていかなければならない。

■第5章

# GMセイヨウナタネと各種アブラナ科植物の自然交雑問題

■生井兵治（元筑波大学教授）

わが国の各種アブラナ科作物は、すべて海外からの導入によって始まった。世界的には、十七、八世紀頃までに多様な変種・品種の分化をもたらした欧米のキャベツ類などや、中国・日本のカブ・ハクサイ類、ダイコン類など、各地の農民による品種改良の歴史と、カナダにおける革命的な成分育種による新型セイヨウナタネ「カノーラ」の作出が特筆される。

植物育種では品種間交雑が主流であり、この延長上に近縁種との種間・属間交雑がある。自然・農林生態系では、風媒・虫媒受粉により近縁種間に自然雑種が生じることがある。遺伝子組み換え（GM）作物が栽培されるか逸出種として自生すれば、種内や種間の意図しない自然交雑が問題となる。

教科書は、セイヨウナタネは虫媒自家受粉で結実する自殖性植物とする。しかし、実際には虫媒受粉も風媒受粉もしており、他殖率は一〇～五〇％に及ぶ。長年アブラナ科植物などを研究してきた私は、菜の花の花粉症である。虫媒植物・風媒植物とか自殖性植物（同一個体内で自家受粉して種子を結ぶ植物）・他殖性植物（異個体間で他家受粉して種子を結ぶ植物）という植物の仕分けや、花粉の寿命や自然交雑可能距離は、科学的にも特定できないのが現実である。

例えば、アブラナ科植物の花粉は、一～二日間は活力が高く、自然条件でも四～五日間はある程度の活力を有するが、品種や生育状態、気温・湿度などで変動する。アブラナ科植物の主要な花粉飛散距離または交雑可能距離は、小規模な調査では数十センチから一・五メートルほどである。大規模な調査でも、集団間の自然交雑率は、花粉源近傍から二〇～三〇メートルまでの間で急尖的に低下するが、〇・〇一％以下が数キロメートルに及び、なかには四キロメートル先で交雑率五％という報告もある。ミツバチは巣箱から数キロ先の違う蜜源に飛行するし、菜の花畑から放出された花粉が上昇気流に乗れば、風下数キロ先まで容易に到達する。したがって、交雑可能な集団間の自然交雑は防げない。

除草剤耐性ＧＭカノーラも、交雑可能な近縁の栽培植物や自生植物との間で自然交雑するほか、雑種植物が橋渡し植物となり他の近縁種と自然交雑してしまい、通常は交雑しない近縁作物や雑草にＧＭカノーラの遺伝子が移入されることもある。したがって、主要なアブラナ科植物の類縁関係と、個々の種間の交雑親和性、自然交雑による種間雑種（厳密には種間雑種と属間雑種があるが、本章では煩雑を避け区別しない）の後代の展開について、総合的に理解する必要がある。しかし、学校教育で学ぶ機械論的・固定的観点では、生命現象を動的に見られず、問題を正しく理解できない。

そこで、１　自然交雑問題を考える際の三つの大前提、２　アブラナ科作物の種類と類縁関係、３　カナダの革命的な新型セイヨウナタネ「カノーラ」、４　セイヨウナタネと近縁種の間の交雑親和性、５　アブラナ科植物種間における浸透交雑による遺伝子移入の可能性、６　雄性不稔利用によるＧＭカノーラ一代雑種（Ｆ１）品種、７　ＧＭ作物の自然交雑による農業・自然生態系への影響の七課題を順に見ていこう。

## １　自然交雑問題を考える際の三つの大前提

三つの大前提とは、生命の基本原理である「二つの大矛盾」、「動的平衡」と「あご・ほっぺ理論」である。なお、植物集団間を遺伝子が移動する現象は、学問的には遺伝子流動と称され、これには昆虫や風などによって集団間を花粉が移動（花粉流動）して受粉・受精・結実（自然交雑）することと、種子や栄養繁殖器官が人間を含む動物や、風や流水による集団間の移動（移住）の二つがある。移住個体が既存個体と自然交雑すれば、遺伝子移入が生じることは、時間の問題である。

### １―１　生物界における二つの大矛盾

植物は、自然生態系や農業生態系のなかで、「個体維持と種族維持の矛盾」をたくみに統一しながら世代交代を行ない、その過程で「遺伝性と変異性の矛盾」を統一しながら適応・分化している。したがって、植物たちが生態系における生活史（生活環）の各過程で示す諸々の適応戦略を正しく理解する必要があり、そのための根本原理が「個体維持と種族維持の矛盾」と「遺伝性と変異性の矛盾」という生物界の根源的な二つの大矛盾である[1]。

**個体維持と種族維持の矛盾**　一年生植物では、種子が諸々の環境の影響を受けて発芽し栄養生長を始め、温度と日長の影響を受けて生殖生長にすすみ種族維持をはかると、寿命(死)に直結する。多年生植物でも、栄養生長と並行し個体維持を犠牲にしながら種族維持をはかるので、「個体維持と種族維持の矛盾」がある。植物の生殖生長は種族維持の可否を決する転換点であり、配偶子形成から開花・受粉・受精して結実する生殖過程は適応・分化に極めて重要な場である。

例えば、ダイコンの種子を肥沃な畑に夏播きすると、冬の市場向けには良いが、春に開花させる採種用には適さない。ダイコンの採種栽培では、普通栽培よりも約一ヵ月遅播きして幼苗期の気温や養分を控え、根をあまり肥大させずに越冬させる。晩春に種子を播いたのでは、低温にあわないため開花しない。植物は個体維持に好適な環境では栄養生長をつづけ、なかなか生殖生長にすすまない。一方、個体維持に不適な環境では、速やかに生殖生長にすすみ種族維持をはかる。

**遺伝性と変異性の矛盾**　全生物は、環境の影響を受けながら、生殖過程において相矛盾する遺伝性と変異性の強さを巧みに変動させながら世代をすすめ、個体または集団として生息環境に対する適応力を高めれば、種族維持を連綿と続けられる。生殖過程の状況いかんで、集団の遺伝構造が大きく変化する。通常の作物栽培では、主要農業形質の遺伝子型が等しく表現型として発現し、代々、集団としての同質性が維持されることが望まれる。一方、育種の過程では、各個体の遺伝子型の差異が顕著に発現する栽培技術が必要となる。

## 1―2　動的平衡

緑色植物は、太陽エネルギーと諸元素の循環の源であり、水分とともに諸元素を土から吸い、空気中の二酸化炭素を吸って光合成を行ない、デンプンを合成して生育し、やがて枯れると微生物が食べて腐敗させ有機質に富む土ができる。こうして太陽エネルギーが恒常的に循環し、生命体に不可欠な諸元素も非生物と生物の間や生物間を循環する。自然農法的な農業生態系は、自然生態系の物質循環に則している。

ここにおいて、ルドルフ・シェーンハイマーが発見した「動的平衡」を、全生物に共通の原理として認識する必要がある[2]。地球上の各元素は、結合と分離を繰り返しながら種々の分子をつくり、生命体を含む自然の中で全体として動的平衡を保っている。私たちが食べ、分解し消化・吸収された食物の分子は、全身に散らばり暫し留まり身体から抜け出る。今の私は数ヵ月前の私ではない。ゆえに、生命現象を固定的・

機械的にみるGM技術などの人為操作を生命体に加えれば、かならず自然の手痛いしっぺ返しを受ける。

現在、少数の多国籍企業が遺伝子とGM作物の特許争奪戦やシェア拡大に奔走し、種苗登録品種の農家による自家増殖の規制が国際的にすすんでいるが、生命現象の利用法を生態系と農家と消費者の立場から根本的に見直す必要がある。

### 1―3　あご・ほっぺ理論

教科書は、生殖様式をもとに植物を分類し、アブラナ科を虫媒受粉植物とする。しかし、花粉症原因植物である。また、セイヨウナタネやカラシナは自殖性、カブ・ハクサイやダイコンは他殖性で、自殖性植物や虫媒受粉植物の花粉飛散は他殖性植物や風媒受粉植物よりも少ないとする。しかし、セイヨウナタネやカラシナは、自家和合性（自家花粉が自家受粉すれば自家受精して自殖種子が実る性質）であるが、自動自家受粉能力（同一花内で自動的に自家受粉する能力）は品種間・個体間差異があり、総じて自家・他家混合受粉して自殖種子に他殖種子が混じる不完全自殖性ないし混殖性である。

植物の虫媒受粉・風媒受粉や自殖性・他殖性の程度は、植物の外的・内的条件で変動する。例えば、ダイコンは自家不和合性なので、開花当日の自家受粉では結実しにくいが、開花二～三日前の花蕾《からい》に開花当日の花の花粉を自家受粉すれば結実する。開花当日にダイコンの自家花粉とキャベツの花粉を混合受粉すれば、ダイコンの自殖種子に混じって小粒の雑種種子が結実する。通常は雑種が出来ない交雑組み合せでも、貧弱に育てた植物で混合受粉すると雑種が得られやすい。

生命現象は、機械論的・固定的観点では正しく見られない。動的で可変性に富む生命現象の実態こそが、チャールズ・ダーウィンやグレゴール・J・メンデル以前の昔から、民間人が品種改良できた理由である。私は、連続的で多様性と可変性の高い動的な生命現象を総合的・動的に見る理論を提唱した。そして、境目がなく形状が変化する人の顔の「あご」と「ほっぺ」の動的関係になぞらえ、この理論を「あご・ほっぺ理論[3・4]」と命名し、座右の銘にしている。

生命現象を固定的にみて「ピン」と「キリ」しか教えない学校教育（ピン・キリ教育）では、柔軟な思考力が育たない。

## 2　アブラナ科作物の種類と類縁関係

アブラナ科作物は、アブラナ（*Brassica*）属（ハリゲナタネを除く）六種、特にキャベツ類、カブ・ハクサイ類、カラシナ類、セイヨウナタネ類と、ダイコン（*Raphanus*）属のダイコン類で、他にシロガラシ（*Sinapis*）属のシロガラシ、キバナスズシロ（*Eruca*）属のロケットなどがある（表1）。

## 2―1　主要アブラナ属六種の類縁関係

世界の主要アブラナ属六種の類縁関係は、一九二〇～三〇年代に、わが国の先達たちが解明した(5)。なお、これらの栽培種の起源地は、地中海地方とその周辺である(6)。

盛永俊太郎は、雑種第一代（Ｆ１）植物の減数分裂期に相同染色体の有無を調べ細胞遺伝学的に類縁関係を推定した。第一実験では、カラシナ類（2n=36）（体細胞染色体が三六本）とカブ・ハクサイ類（2n=20, AA ゲノムとする）のＦ１植物（2n=28）の染色体対合は二価染色体一〇個と一価染色体八個（10II+8I）、カラシナ類とクロガラシ（2n=16, BB）のＦ１植物（2n=26）では 8II+10I を示すのが基本である。そこで、カラシナ類は、カブ・ハクサイ類の一〇本の染色体二組（AA）とクロガラシの八本の染色体二組（BB）からなる二基四倍体（複二倍体）（2n=4x=36, AABB）だと推定した。同様に、アビシニアガラシ（エチオピアガラシ）（2n=34）とセイヨウナタネ類（2n=38）は、それぞれキャベツ類（2n=18, CC）のゲノムとクロガラシまたはカブ・ハクサイ類のゲノムを有する二基四倍体（2n=4x=34, BBCC, 2n=4x=38, AACC）だと推定した。

次に禹長春は、カブ・ハクサイ類とキャベツ類の人工交雑によってセイヨウナタネ類の人為合成に成功し、盛永の仮説を実証し、アブラナ属三基本種間の三組み合せの自然交雑により三種類の二基四倍体（複二倍体）種が生じたという関係を図示した。この図は、世界的に"U's triangle"（禹の三角形）と称され、今でもアブラナ属作物研究の基本である。

## 2―2　アブラナ属ならびに近縁の主要二倍体作物の起源

ロシアや日本の先達の細胞遺伝学的研究により、ダイコン類もアブラナ属植物と同じ祖先種から分化したと推定された。近年の分子遺伝学的研究によれば、三基本種の成立過程にはクロガラシ系列とキャベツ類／カブ・ハクサイ類系列があり、前の系列の花粉が後の系列に自然受粉して生じた種間雑種からダイコンが分岐した(7)。三基本種は、まずシロイヌナズナ（アラビドプシス）に類似した二倍体祖先種（2n=2x=10）が三倍加して六倍体種となり、以後、複数の染色体が融合して染色体数が減り、かつ構造変化しながら 2n=2x=16, 18, 20 でそれぞれ安定し、染色体構造が複雑な二倍体のクロガラシ、キャベツ類、カブ・ハクサイ類が成立した(8)。

## 2―3　わが国で一般的なアブラナ属の二基四倍体作物

アブラナ属の三つの二基四倍体種は、自家和合性であるが、自動自家受粉能力や自殖性の程度は多様であり、自然交雑しやすい。三種では、特にカラシナ類には多様な変異がある。

表１　アブラナ（Cruciferae）科のアブラナ（***Brassica***）属とその近縁属の主要作物および主要雑草・野草

| 種名 | 染色体数（2n）とゲノム記号 | 植物名 | 起源地と日本での栽培または自生地 |
|---|---|---|---|
| 1. *Brassica nigra* | 16（BB） | クロガラシ（ブラックマスタード） | 近東<br>栽培はまれで、沖縄以外に自生 |
| 2. *Brassica oleracea* | 18（CC） | キャベツ類 | 地中海地方 |
| var. *capitata* | | キャベツ（甘藍） | 自生はない |
| var. *italica* | | ブロッコリー（緑花椰菜） | 〃 |
| var. *botrytis* | | カリフラワー（花椰菜） | 〃 |
| var. *gemmifera* | | メキャベツ（子持甘藍） | 〃 |
| var. *acephala* | | ケール（羽衣甘藍） | 〃 |
| var. *gongylodes* | | コールラビ（球茎甘藍） | 〃 |
| var. *alboglabra* | | カイラン（芥藍） | 〃 |
| 3. *Brassica rapa* | 20（AA） | カブ・ハクサイ類 | 地中海地方、中央アジア、中国、近東 |
| subsp. *campestris* | | 野生アブラナ（バードレープ） | 自生は未同定だがカナダから多数混入 |
| subsp. *oleifera* | | アブラナ（在来油菜、赤種、和種） | 本州、四国、九州にわずかに自生 |
| subsp. *rapa* | | カブ、コマツナ、ノザワナ | カブ：山形県小国町、青森県八戸市 |
| var. *neosuguki* | | スグキナ（酢茎菜）＝カモナ（加茂菜） | 自生の有無の詳細は不明 |
| subsp. *pekinensis* | | ハクサイ、マナ、ヒロシマナ | 〃 |
| subsp. *chinensis* | | タイサイ、ユキナ、チンゲンサイ、パクチョイ | 〃 |
| var. *parachinensis* | | サイシン（菜心）、コウサイタイ（紅菜苔） | 〃 |
| subsp. *narinosa* | | タアサイ（搨菜）、キサラギナ、ヒサゴナ | 〃 |
| subsp. *nipposinica* | | ミズナ（水菜）、キョウナ（京菜）、ミブナ | 〃 |
| subsp. *trilocularis* | | イエローサルソン（サルソン、インドナタネ） | 日本での栽培はない |
| subsp. *dichotoma* | | ブラウンサルソン（トリア、インドナタネ） | 日本での栽培はない |
| 4. *Brassica tournefortii* | 20（TT） | ハリゲナタネ | 地中海地方＜雑草または野草＞<br>本州と四国に自生 |
| 5. *Brassica carinata* | 34（BBCC） | アビシニアガラシ（エチアピアガラシ） | アフリカ<br>日本での栽培はない |
| 6. *Brassica juncea* | 36（AABB） | カラシナ類 | 中央アジア、近東、〔中国、インド〕 |
| subsp. *juncea* | | キカラシナ（種子用カラシナ）、ハカラシナ | 北海道、本州、四国、九州に多数自生 |
| subsp. *napiformis* | | ネカラシナ（根芥子菜） | 自生の有無の詳細は不明 |
| subsp.*integrifolia* | | | 〃 |
| var. *crispifolia* | | セリフォン（雪里紅） | 〃 |

| | | | |
|---|---|---|---|
| var. *integrifolia*<br>var. *rugosa*<br>subsp. *tsatsai* | | タカナ（高菜）、カツオナ（鰹菜）<br>多肉性タカナ、山形青菜、三池高菜、結球高菜<br>ザーサイ（榨菜） | 〃<br>〃<br>〃 |
| 7. *Brassica napus*<br>var. *napus*<br>var. *napobrassica* | 38（AACC） | セイヨウナタネ類<br>セイヨウナタネ（西洋菜種、黒種）、ナバナ<br>ルタバガ（スウェーデンカブ） | 地中海地方<br>北海道、本州、九州に自生<br>— |
| 8. *Raphanus sativus*<br>var. *sativus*<br>var. *lomgipinnatus*<br>var. *mougri*<br>var. *oleiformis* | 18（RR） | ダイコン類<br>西洋ダイコン（西洋二十日大根）<br>中国ダイコン、日本ダイコン<br>サヤダイコン<br>アブラダイコン | 地中海地方、中国、〔日本〕<br>自生はない<br>〃<br>日本での栽培はない<br>日本での栽培はない |
| 9. *R. raphanistroides* | 18（RR） | ハマダイコン（ノラダイコン） | 日本<雑草または野草><br>沖縄を含む全国の海岸などに自生 |
| 10. *R. raphanistrum* | 18（RrRr） | セイヨウノダイコン | 地中海地方<雑草または野草><br>少ないが、沖縄以外に自生 |
| 11. *Sinapis alba*<br>12. *S. arvensis* | 24（SalSal）<br>18（SarSar） | シロガラシ類<br>シロガラシ（ホワイトマスタード）<br>ノハラガラシ（ワイルドマスタード） | 地中海沿岸<br>栽培はまれで、北海道、本州に自生<br><雑草または野草>栽培なく、同上 |
| 13. *Eruca vesicaria* | 22（EE） | キバナスズシロ<br>ロケット、ルクラ（ルッコラ） | 地中海地方<br>本州に自生 |
| 14. *Erucastrum gallicum* | 30（EgEg） | オハツキガラシ | 欧州<雑草または野草><br>日本での栽培はなく、沖縄以外に自生 |
| 15. *Diplotaxis muralis*<br>16. *D. tenuifolia* | 42（DmDm）<br>22（DtDt） | ロボウガラシ類<br>ワイルドロケット（一年生ウォールロケット）<br>ロボウガラシ（多年生ウォールロケット） | 地中海地方<br>—<br>栽培はまれで、北海道などで自生 |
| 17. *Hirschfeldia incana* | 14（HiHi） | アレチガラシ（ダイコンモドキ） | 地中海地方<雑草または野草><br>沖縄、三重、神奈川、千葉などに自生 |

注1）学名：主として、USDA, GRIN Taxonomy for Plants（http://www.ars-grin.gov/cgi-bin/npgs/html/taxgenform.pl）を参考にした。

注2）起源地：必ずしも明確でないものが多く、大まかな表示である。〔　〕内は二次中心地。

注3）自然交雑：アブラナ属各種内の亜種（subsp.）間、変種（var.）間では、生殖的隔離がなく自然交雑はきわめて容易。

注4）ゲノム：生物にとって必要最小限の遺伝子群全体を含む染色体の一組のことで、最小限、通常の体細胞には二組がある。

注5）開花初めの花茎を食するナバナ（ハナナ）：セイヨウナタネ類とカブ・ハクサイ類に属するものがある。

注6）日本での栽培：「日本での栽培はない」と記されていても、大学や農業試験場などでは実験用に栽培されることがある。

**カラシナ類**（2n=4x=36, AABB）　各地で四亜種が栽培され、現在、からし用種子は、GM品種が普及するカナダから輸入している。北海道、本州、四国、九州に多数自生し、種子は深い休眠性を有し、こぼれ落ちて地中に埋もれた種子は、人や犬などにより地表に出るまで長年月、発芽せず生存する。

**セイヨウナタネ類**（2n=4x=38, AACC）　セイヨウナタネ（除草剤耐性GMカノーラを含む）など、二変種がある。なお、人為合成種として、ハクサイ（白菜）とキャベツ（甘藍＝カンラン）の種間交雑で飼料ナタネ品種「CO」（シーオー）や結球野菜「白藍」（ハクラン）などが日本で育成され、ルタバガがスウェーデンと日本で育成されている。(5)

かつて日本の食油用アブラナ科作物には、赤種（アカダネ）などと称するカブ・ハクサイ類の油菜（アブラナ）と、黒種（クロダネ）などと称するセイヨウナタネ類、黄種（キダネ）と称するカラシナ類の黄芥子菜（キカラシナ）があり、油菜とか菜種と総称された。一九三〇年、セイヨウナタネの全国的な増産に着手した国が、黒種などを菜種または西洋菜種、赤種などを在来菜種とし、戦後、「西洋なたね」、「在来なたね」とした。教科書的にはナタネである。しかし、日本で改良されたセイヨウナタネの在来品種もあり紛らわしい。そこで私は、赤種などをアブラナ、黒種などをセイヨウナタネと呼び、油料菜種または菜種（ナタネ）と総称している。

セイヨウナタネは、現在、北海道、本州、九州の各地に自生する。肥沃な耕作地近傍の土壌が撹乱される道端などで、開花・結実し種子が自然落下すれば、群落は持続する。しかし、種子休眠は浅く、発芽に不適な環境、特に暗黒な地中、土壌の乾燥などや、二〜四℃の低温または高温と低温の繰り返しで容易に覚醒し、かつ暗黒下や乾燥状態では光感受性が強まる。このため、撹乱される土壌中のセイヨウナタネ種子は、発芽温度下で光に当たると直ぐ催芽するため、埋土種子は五年以内に活力を失う。したがって、ある年、カラシナ類と混生する自生地が結実前に刈り取られると、新しい種子の供給が途絶えるため、短年月でカラシナだけの群落となる。特に保水力の高い沖積土壌ではこの傾向が強い。

## 2―4　わが国で一般的なアブラナ属の主要二倍体作物

アブラナ属の三基本種は、自家不和合性であり、他家受粉で実る他殖性が基本である。日本ではキャベツ類とカブ・ハクサイ類が中心で、種内の変種や亜種間の自然交雑は容易である。市販種子は、自家不和合性利用のF1品種である。

**キャベツ類**（*B. oleracea*, 2n=2x=18, CC）　七変種があり、多年生で、カイラン以外は自家不和合性が基本である。日本では、ブロッコリーとカイランの人為雑種の夏作品種もある。地中海沿岸には、多様な形態の各種野生種が自生する。

**カブ・ハクサイ類**（*B. rapa*, 2n=2x=20, AA）　九亜種があり、①〜⑦は自家不和合性である。現在、本州、四国、九州に、アブラナ類の逸出種や近年移入の野生アブラナが自生する。

①バードレープ（野生アブラナ）：アブラナ類に近く、北米、豪州、欧州の雑草・野草である。カナダから輸入するカノーラやコムギに頻繁に混在するので[9]、日本の自生アブラナ類に本種が含まれる可能性が高い。なお、カラシナやノハラガラシ、セイヨウノダイコンも混在する。

②アブラナ（油菜）類：現在、日本での栽培は極めて少ないが、カナダなどでは食油用作物で、除草剤耐性ＧＭ品種が普及している。

③カブ（蕪）類：小松菜、野沢菜を含み、酢茎菜などは変種である。

④ハクサイ（白菜）類：真菜（マナ）、広島菜、大阪白菜（オオサカシロナ）などを含む。

⑤タイサイ（体菜）類：雪白体菜、四月白菜（シガツシロナ）、雪菜、パクチョイ、チンゲンサイなどを含む。変種に菜心（サイシン）、紅菜苔（コウサイタイ）がある。

⑥タアサイ（塌菜）類：如月菜（キサラギナ）、瓢菜（ヒサゴナ）、ビタミン菜などを含む。

⑦ミズナ（水菜）類：京菜、壬生菜（ミブナ）、京水菜などを含む。

⑧イエローサルソン（サルソン、インドナタネ）：自家和合性で自殖性が高い。極早生で、インド、ネパールなどでは、種子用カラシナなどとともに栽培されている。日本では一般栽培はない。

⑨ブラウンサルソン（トリア、インドナタネ）：⑧に準じるが、自殖性品種と他殖性品種がある。

**クロガラシ**（*B. nigra*, 2n=2x=16, BB）　自家不和合性の他殖性で、世界的に栽培され自生もするが、日本では栽培はほとんどなく、北海道、本州、四国、九州に自生する。

## 2―5　ダイコン類

ダイコン類には、栽培ダイコン一種と野生ダイコン二種がある。いずれも自家不和合性で他殖性が基本である。

**ダイコン**（*R. sativus*, 2n=2x=18, RR）　通常の西洋ダイコン（西洋二十日大根）群、中国ダイコン・日本ダイコン群の他、サヤダイコン群（タイなどの未熟莢を食する野菜用）、アブラダイコン群（インドなどの莢の長い搾油用）の計四変種がある。

**ハマダイコン**（*R. raphanistroides*, 2n=2x=18, RR）　東アジアの主として海岸にみられ、沖縄を含む全国に自生する。一部が「小瀬菜大根」などのダイコン在来品種となり、栽培ダイコンとハマダイコンの自然雑種で新品種が成立している。

**セイヨウノダイコン**（*R. raphanistrum*, 2n=2x=18, RrRr）　黄色

花もありキバナダイコンとも称され、地中海沿岸、北米、豪州、西アジアなどの畑雑草・野草である。日本には少ないが、移入雑草として北海道、本州、四国、九州に自生する。

## 2―6　その他の主要アブラナ科作物または雑草・野草

**ハリゲナタネ**（*B. tournefortii*, 2n=2x=20, TT）　アブラナ属の一年生自殖性植物で、花弁と莢以外の植物体全体に毛茸が密生する。日本では、一九八〇年代から急増した輸入冬作穀物類の混入雑草で[9]、本州と四国に自生する。

**シロガラシ**（*S. alba*, 2n=2n=24, SalSal）　シロガラシ属の一年生他殖性植物で、種皮が淡黄白色の種子が洋がらし（ホワイトマスタード）となる。北海道と本州に自生する。

**ノハラガラシ**（*S. arvensis*, 2n=2x=18, SarSar）　シロガラシ属の多年生他殖性植物で、草姿はシロガラシに似るが、種皮が黒～赤褐色で峻別できる。北海道と本州に自生する。

**キバナスズシロ**（ロケット、*Eruca vesicaria* = *E. sativa*, 2n=2x=22, EE）　キバナスズシロ属の一年生他殖性植物で、ゴマ風味の健康野菜である。日本では、本州に自生する。

**オハツキガラシ**（*Erucastrum gallicum*, 2n=2x=30, EgEg）　オハツキガラシ属の一年生自殖性植物で、北海道、本州、四国、九州に自生する。

**ワイルドロケット**（*D. muralis*, 2n=2x=42, DmDm）　アジアを除く温帯地帯に分布するロボウガラシ属の自殖性植物で、近年、日本ではゴマ風味サラダ菜として散見される。

**ロボウガラシ**（*D. teuifolia*, 2n=2x=22, DtDt）　多年生他殖性のゴマ風味サラダ菜で、自家不和合性である。ロケットセルバチコ、などともよばれ、近年、家庭菜園用に種苗が販売され、北海道などではロボウガラシとして自生する。

**アレチガラシ**（*H. incana*, 2n=2x=14, HH）　アレチガラシ属の一年生他殖性植物で、黄色花で、短い莢が上向につく特性がある。沖縄、三重、神奈川、千葉などに自生する。

## 3　カナダの革命的な新型セイヨウナタネ「カノーラ」

わが国が利用する菜種油の原料カノーラ種子は、その多くをカナダから、一部をオーストラリアから輸入している。

**不乾性脂肪酸のエルシン酸**　従来の菜種油は不乾性のエルシン酸を多く含み、抗菌作用と抗酸化作用が強く、潤滑油や機械油にも適し、含有率六〇％以上の工業用品種もある。スウェーデンやカナダでは、菜種油からマーガリンを作る目的でエルシン酸を減らす育種を進めた。一九七七年、ＦＡＯは、エルシン酸を大量に食すると心臓障害を起すので食料油では含有率五％以下を勧告した。一方、オレイン酸とリノール酸は、悪玉コレステロールを減じ動脈硬化を予防する。

**甲状腺腫誘発物質となる四種類の芥子油配糖体**（グルコシノレート）　アブラナ科植物の種子などは、甲状腺腫誘発物質となる四種類の不揮発性芥子油配糖体（グルコシノレート）を含むため、油粕は肥料にした。なお、ワサビや和がらし、黒がらしの辛味成分は揮発性アリルイソチオシアネートで、植物組織が傷つくと前駆物質シニグリンに加水分解酵素ミロシナーゼが働いて生成され、抗菌・発ガン抑制作用がある。

**ダブルゼロ**（ダブルロー）**ナタネ「カノーラ」**　カナダでは、一九七〇年代に、エルシン酸もグルコシノレートも含まないダブルゼロのセイヨウナタネとアブラナの品種を相次ぎ育成し、油粕の飼料化にも成功した。食油用カラシナでもダブルゼロ品種を育成している。いずれも、日本品種とは異なり、低温にあわなくても開花する春播き品種である。当初、カナダではすべて輸出用だったが、これらの品種の開発により自国でも食するようになった。従来の菜種油と大きく異なるカナダ生まれの油（Canadian oil）が搾れ、シンデレラ（Cinderella）的植物だとして、canola（カノーラ）と呼ばれるようになった。ただし、カノーラと既存ナタネの自然交雑は防げないので、流通カノーラ油の公式成分は、エルシン酸二％以下／精製油、四種類の芥子油配糖体の総量三十マイクロモル以下／風乾脱脂種子一グラムと決めている。

**日本のダブルロー品種**　東北農業研究センターも成分育種を進め、東北向けゼロエルシン酸品種「アサカノナタネ」、「キザキノナタネ」、暖地向け「ななしきぶ」、野菜用ナバナ「菜々みどり」、ダブルロー品種「キラリボシ」を育成した。自主規制値は、エルシン酸含量五％以下だけが決めてある。

## 4　セイヨウナタネと近縁種の間の交雑親和性

カノーラを含むセイヨウナタネ類の品種間では、自然交雑は極めて容易である。セイヨウナタネ類と近縁種の間でも、交雑組み合せや受粉条件などによって、正逆交雑または一方向の自然交雑が起こり得る。種子の飛散（移住）も花粉飛散による浸透交雑の起点となり、留意する必要がある。件の「こぼれ落ちＧＭナタネ」の自生は、この有難くない好例である。

セイヨウナタネ類と近縁種の間で自然受粉によって種間雑種Ｆ１植物が生じる可能性には、花粉源植物と種子親植物の間における、①交雑親和性の程度、②開花期の同調程度、③風媒または虫媒による他家受粉されやすさの程度（集団間の距離、二種個体の生息比など）などの要因が関係している。自然交雑の可能性が最大となる状態は、大集団（♂）中に近縁種が雑草（♀）としてまばらに点在するか、大集団から一〜二米以内の近傍に近縁野草（♀）が一個体ずつまばらに自生する場合である。一般に、種間雑種Ｆ１種子は通常の種子よりも小さく、Ｆ１植物は播種後の出芽まで日数が著しく長く、初期生長も緩慢であるが、やがて旺盛に生育する場合が多い。

カナダでは、野生アブラナが重要畑雑草であり、カラシナ類やクロガラシも雑草化し、ダイコンも庭園などに自生する。ウォールロケット、オハツキガラシ、セイヨウノダイコン、ノハラガラシも、各所に自生する。

以下、紙幅の都合で、引用文献は総説的論文と私の主要関連論文[10〜14]以外は最近の論文など少数にとどめるが、世界の研究成果に基づき、自然交雑の可能性を概観しよう。いずれにしても、研究があまり進んでいない植物が多いため、研究が大幅に進展すれば、セイヨウナタネと自然交雑して継代が可能な植物の種類は増えるに違いない。

### 4—1　セイヨウナタネと近縁アブラナ属植物の交雑親和性

日本には、セイヨウナタネと自然交雑し得る複数のアブラナ属植物やダイコン属植物、その他が自生する。

**セイヨウナタネ類**（2n=4x=38, AACC）　品種間では交雑不親和性はなく、約一〇〜五〇％の自然交雑が起こる。総じて、花粉源から約一・五メートル以内では極めて自然交雑しやすく、その先約五メートル以内でも比較的高い自然交雑率であり、花粉源から約五〜一〇メートルの間で自然交雑率は急尖的に低下する。それ以遠では〇・〇一五％以下の自然交雑率が、特に風媒受粉が主となる栽培環境下では、花粉源の風下方向に遠方までみられる英国の例では、最遠の調査地点の四キロメートル先でも低頻度ながら虫媒受粉または風媒受粉による自然交雑が確認されている。しかも、花粉源が二五ヘクタール以上と広大な場合の花粉流動距離は、二六キロメートルにも及ぶ。したがって、状況次第では四キロメートル以遠でも低頻度の自然交雑が起こる可能性がある。品種間の交雑組み合せでは、雑種後代に細胞遺伝学的な不具合は生じず、雑種後代集団では遺伝子移入が容易である。

**カブ・ハクサイ類**（2n=2x=20, AA）　セイヨウナタネ畑（♂）にカブ・ハクサイ類の野生アブラナ（♀）が一個体ずつまばらに生えていると九〇％台の高い自然交雑率である。セイヨウナタネ畑際の野生アブラナ群落（♀）の自然交雑率は約七〇％以下であり、セイヨウナタネ畑（♀）の自然交雑率は低いが最低でも約三％である[15]。

毎年、英国ではセイヨウナタネ畑に野生アブラナ約八七万六〇〇〇株がまばらに生え、セイヨウナタネとの自然雑種約一万七〇〇〇株が生じ、水系周辺でも約三万二〇〇〇株が生じると推計される。集団間の距離（三〇〇米刻み）別の平均自然交雑率は、三〇〇メートルまで〇・〇二九％、六〇〇メートルまで〇・〇一一%、以下、〇・〇〇八%、〇・〇〇六%、〇・〇〇五%（一五〇〇メートル）、〇・〇〇四%、〇・〇〇四%、〇・〇〇三%、〇・〇〇三%、〇・〇〇二%（三〇〇〇メートル）である。

**カラシナ類**（2n=4x=36, AABB）　カラシナ類とセイヨウナタネ類の間では、セイヨウナタネ類（♂）中にカラシナ類（♀）がまばらにある場合の自然交雑率は三～五%で、カラシナ類（♂）中のセイヨウナタネ（♀）では自然交雑率は低い。

**キャベツ類**（2n=2x=18, CC）　自然交雑は極めて起こりにくいが、状況次第で起こる。英国で、ＧＭセイヨウナタネ畑に隣接して自生する野生キャベツ四三四個体と遠隔地に自生する野生キャベツ八一二個体について、アブラナ属のゲノム特異的な分子マーカーを利用した調査がある。それによると、隣接地の野生キャベツからのみ、ＧＭセイヨウナタネの遺伝子が導入された二基三倍体Ｆ１植物（ACC）一個体と、三倍体（CCC）三個体、二倍体（CC）九個体が見つかった。後者の計一二個体は雑種Ｆ１植物と野生キャベツの浸透交雑の結果であり、畑から二メートル以内では二〇〇株中七株（三・五%）、二メートル以遠では六四二株中五株（〇・八%）であった。

**クロガラシ**（2n=2x=16, BB）　正逆組み合せとも自然雑種は得られていないが、人工受粉ではセイヨウナタネとの正逆組み合せでまれに得られる。

**ハリゲナタネ**（2n=2x=20, TT）　正逆組み合せとも自然雑種は得られていないが、人工受粉ではセイヨウナタネ（♀）との間でごくまれに得られる。

## ４―２　セイヨウナタネと近縁異属植物の交雑親和性

アブラナ科雑草にはセイヨウナタネと自然交雑または人為交雑が可能な一一種がある。主要なものを以下に示す。

**セイヨウノダイコン**（2n=2x=18, RrRr）　豪州では、両種が混生する畑でセイヨウナタネ（♀）に実った五二〇〇万粒以上の種子中に稔性のある三基六倍体Ｆ１植物（2n=6x=56, AACCRrRr）二個体があったが、セイヨウノダイコン（♀）に実った二万五〇〇〇粒の種子に雑種はなかった。カナダでは、四集団のセイヨウナタネ（♂）畑中のセイヨウノダイコンの平均自然交雑率は〇・〇〇三%であるが、雑種を得た一集団では〇・〇〇九%であった。フランスでは、セイヨウナタネ（♀）との間では逆組み合せよりも自然交雑しやすいが、出現頻度は種子五万～三〇〇〇万粒に一個体の割合で、三基三倍体（2n=3x=28, ACRr）の他に、三基六倍体や三基四倍体（2n=4x=37, ACRrRr）というＦ１植物が生じていた。

畑土壌中でセイヨウノダイコンとの雑種種子は、一〇平方メートル当たり一粒の出現率で、カノーラより短命で三年以内に生存率一%以下となる。セイヨウノダイコンとのＦ１植物は、両親よりも発芽や初期生長が遅く、結実率は約〇・四%である。

なお、わが国のハマダイコンは、セイヨウノダイコンに由来し栽培ダイコンにも近いため、[16]ダイコン類とセイヨウナタネの間でも自然交雑する可能性があると思われる。

**シロガラシ**（2n=2x=24, SalSal）　セイヨウナタネとの自然雑種は正逆組み合せとも得られていないが、セイヨウナタネ（♀）との人工受粉による少数の成功例はある。

**ノハラガラシ**（2n=2x=18, SarSar）　英国などではセイヨウナタネ（♀）中のノハラガラシ（♂）との間で約〇・〇一～〇・二%の頻度で自然雑種が生じ、特に雄性不稔のセイヨウナタネで生じやすい。しかし、ノハラガラシ（♀）では、自然受粉で実った四万粒以上の種子に雑種が生じた例はない。

**キバナスズシロ**（2n=2x=22, EE）　正逆組み合せとも自然雑種は得られていないが、キバナスズシロ（♂）との人工受粉でごくまれに得られる。

**オハツキガラシ**（2n=2x=30, EgEg）　カナダでは、セイヨウナタネ畑近傍のオハツキガラシ（♀）の結実種子約二万二〇〇〇粒を調べたが雑種はなく、人工受粉でも雑種は得られない。しかし、オハツキガラシ（♂）をセイヨウナタネの除雄花蕾に人工受粉すると、一〇〇〇花当たり五〇～六〇粒の種子が生じ一個体の雑種がえられる。インドでは、人工受粉して幼胚救助（子房培養）すれば、オハツキガラシ（♀）とセイヨウナタネやカラシナ類は交雑可能であり、それぞれ一〇〇花当たり四・八個体と三・六個体の雑種が得られる。なお、カブ・ハクサイ類との間でも、オハツキガラシの花粉を人工受粉すると、一〇〇花当たり〇・一個体の雑種がえられる。したがって、オハツキガラシとセイヨウナタネまたはカブ・ハクサイ類との間でも、状況次第で自然交雑する可能性があるだろう。

**ワイルドロケット**（2n=2x=42, DmDm）　世界的にも自然雑種は得られていない。セイヨウナタネの花粉を人工受粉すれば、一〇〇花当たり約一〇～三〇個体の雑種が得られ、カブ・ハクサイ類とも人工的には交雑可能である。多くの雑種Ｆ１植物は雄性不稔であるが、戻し交雑すれば継代できる。したがって、自然状態でも状況次第で継代が可能であろう。

**ロボウガラシ**（2n=2x=22, DtDt）　世界的にも自然雑種は得られていない。セイヨウナタネ（♂）と人工受粉して幼胚救助をすれば、ワイルドロケットに準じた頻度で雑種が得られるが、雑種個体は戻し交雑でも幼胚救助しないと継代できず、自然受粉では継代の可能性は低い。

**アレチガラシ**（2n=2x=14, HiHi）　フランスでは、セイヨウナタネ畑（♂）にアレチガラシがまばらに混生すれば結実種子の〇・〇〇二%が自然雑種である。カナダでは、三年間平均で植物個体当たり〇・六個体（結実種子の〇・四％）が雑種であった。

## ５　アブラナ科植物種間における浸透交雑による遺伝子移入の可能性

近縁種間のＦ１植物は、一般に花粉稔性が低く結実率も低いが、自然受粉で継代が可能な場合がけっこうみられる。二倍体種（2x）同士のＦ１植物の後代では、両種のゲノムが二セットずつの二基四倍体（複二倍体）（4x）植物が成立する場合と、いずれか一方の親の染色体数と同数の復帰個体（2x）となり、両親間で遺伝子移入が起こることが多い。

二倍体種と二基四倍体種のＦ１植物の後代では、染色体数と表現形質が大きく分離するが、片親の染色体数と同数で、両種ゲノム間に組み換えが起きた復帰個体が現れやすい。一九三〇年に始めた日本のセイヨウナタネ（2n=4x=38, AACC）の育種では、アブラナ（2n=2x=20, AA）との種間交雑が大きな成果をあげた。この場合、アブラナとセイヨウナタネのＡゲノム間での早生性遺伝子と晩生遺伝子の組み換えと同時に、異なるゲノム間での組み換えも起こり得る[5・11]。

ＧＭ技術では、目的遺伝子をＤＮＡ上の望む位置に導入できないため、作出当初の各ＧＭ植物での遺伝子発現は、遺伝子間の働き合いや多面発現などの結果、正常個体から異常個体まで雑多である。ＧＭカノーラとのＦ１植物や浸透交雑による復帰型植物でも、移入遺伝子の形質発現は多様である。

### ５―１　アブラナ属植物ならびに近縁植物の交雑親和性

これまで各植物別に交雑親和性を見てきたが、近縁種間の交雑親和性の全貌を見渡せる表２を示す。ただし、交雑親和性は諸要因によって大きく変化することに留意されたい。

アブラナ属三基本種の間では、特にカブ・ハクサイ類とキャベツ類の間で各種セイヨウナタネ類が人為合成され、カブ・ハクサイ類とクロガラシの間でもカラシナ類が人為合成されている。ダイコン類とキャベツ類またはカブ・ハクサイ類の間では、自然界にはない新植物も人為合成されている。例えば、ダイコン（2n=2x=18, RR）の花にキャベツ類（2n=2x=18, CC）の花粉を人工受粉すると新二基四倍体植物ラファノブラシカ（2n=4x=36, RRCC）が育成できる。私も同様の研究を進め、この雑種を愛称キャベコンと呼んでいる。

以下では、表２からＧＭカノーラを含むセイヨウナタネ類と近縁種の間における自然交雑の可能性を一瞥してみよう。

**セイヨウナタネ類（AACC）の交雑親和性**　畑のセイヨウナタネ（♂）が自然交雑する植物は、カブ・ハクサイ類（AA）が突出し、次がカラシナ類（AABB）で、以下、キャベツ類（CC）、セイヨウノダイコン（RrRr）、アレチガラシ（HiHi）、ノハラガラシ（SarSar）がある。日本のダイコンやハマダイコンは、近縁のセイヨウノダイコンの例からみて、自然雑種が生じる可能性がある。さらに人為交雑によれば、多くのアブラナ属や近縁属の植物とも交雑可能なので、状況次第では低頻度ながら自然交雑が起こる可能性は否定できない。セイヨウナタネ（♀）が自然交雑する植物は、やはりカブ・ハクサイ類が突出し、次いでカラシナ類が高く、頻度は低いがセイヨウノダイコン、ノハラガラシ、アレチガラシが自然交雑し得る。

## 5―2　セイヨウナタネとの種間雑種F1植物の継代可能性

種間雑種の継代の可否は、①F1植物の株間受粉または反復戻し交雑による継代（浸透交雑）の可能性の大きさ、②雑種後代における自然受粉による浸透交雑の可能性の大きさ、③浸透交雑による安定的な遺伝子導入の可能性の大きさなどで決まり、その背景に④細胞遺伝学的安定性がある。

通常の種子は、減数（還元）分裂で染色体数が半減した雌雄の還元配偶子の受精で実る。しかし、種間交雑では低頻度で生じる非還元配偶子が受精しやすいため、二倍体同士（AA×CC）では二基二倍体（複半数体）（AC）のほか、二種類の二基三倍体（AAC, ACC）、二基四倍体（AACC）が生じる。二倍体（AA）と二基四倍体（AACC）の間では、二基三倍体（AAC）と二基四倍体（AAAC）が生じやすい。とくに両親のゲノム間に染色体の相同性が低く、減数分裂期に染色体対合が起こりにくい雑種植物では、結実率は低いが、非還元配偶子が受精して実る頻度が高い。いずれにしても、わが国で自生が確認された複数の除草剤耐性をもつ自生セイヨウナタネは、一連の浸透交雑に複数の除草剤耐性GMカノーラが関与した結果である。

**カブ・ハクサイ類との種間雑種**　雑種F1植物（2n=3x=29, AAC）は、花粉稔性三〇～六〇%、結実率一〇%台と低稔性であるが、両親よりも多数の花が開花し、状況次第で個体全体として五〇〇粒以上の種子が実る。F1植物は、セイヨウナタネ（♂）と容易に自然戻し交雑し、雑種植物と両親が同頻度で混在すると結実種子の八〇%以上が戻し交雑によるという事例もある。F1植物は、野生アブラナ（♂）との戻し交雑も容易で、野生アブラナ（♀）へのF1個体（♂）の自然戻し交雑も交雑率は数%以下であるが可能である。

このように、本交雑組み合せの雑種後代は容易に浸透交雑によって継代され、二～三世代以降でセイヨウナタネ型またはカブ・ハクサイ類型の復帰個体が生じ、カブ・ハクサイ類型の復帰個体には、セイヨウナタネのAゲノムとCゲノムからの遺伝子移入も頻度は低いが起こり得る。セイヨウナタネ

## 表 2. アブラナ科の主要栽培植物ならびに近縁植物における種・属間交雑の可能性

| 栽培植物と近縁植物（行・列番号は対応） | 1 ♀ | 1 ♂ | 2 ♀ | 2 ♂ | 3 ♀ | 3 ♂ | 5 ♀ | 5 ♂ | 6 ♀ | 6 ♂ | 7 ♀ | 7 ♂ | 8 ♀ | 8 ♂ |
|---|---|---|---|---|---|---|---|---|---|---|---|---|---|---|
| 1. クロガラシ | | | 1:3 | 7:3 | 15:10 | 1:10 | **2:0** | | 6:1 | 0:3 | 4:2 | 2:2 | 0:1 | 0:1 |
| 2. キャベツ類 | 7:3 | 1:3 | | | 51:56 | 5:40 | 3:3 | 2:2 | 0:4 | 1:3 | 9:17 | *3:11 | 14:1 | 1:10 |
| 3. カブ・ハクサイ類 | 1:10 | 15:10 | 5:40 | 51:56 | | | 4:1 | 4:1 | 21:9 | 7:8 | ***84:0** | ***55:8** | 3:7 | 7:4 |
| 4. ハリゲナタネ | 0:1 | 1:1 | 0.1 | 2:0 | 4:2 | 5:3 | 1:1 | 0:2 | 0:3 | 0:2 | 1:1 | 0:1 | 0:2 | 2:0 |
| 5. アビシニアガラシ | | **2:0** | 2:2 | 3:3 | 4:1 | 4:1 | | | **11:0** | 3:2 | 7:0 | 4:1 | 0:1 | 1:0 |
| 6. カラシナ類 | 0:3 | 6:1 | 1:3 | 0:4 | 7:8 | 21:9 | 3:2 | **11:0** | | | *13:4 | *25:1 | 0:2 | 0:1 |
| 7. セイヨウナタネ類 | 2:2 | 4:2 | *3:11 | 9:17 | ***55:8** | ***84:0** | 4:1 | 7:0 | *25:1 | *13:4 | | | 1:5 | 1:2 |
| 8. ダイコン類 | 0:1 | 0:1 | 1:10 | 14:1 | 7:4 | 3:7 | 1:0 | 0:1 | 0:1 | 0:2 | 1:2 | 1:5 | | |
| 9. ハマダイコン | | | | | | | | | | | 6:0 | | | |
| 10. セイヨウノダイコン | 0:1 | 0:1 | | | 0:2 | 0:2 | | | 1:2 | 0:2 | *4:2 | *2:4 | | |
| 11. シロガラシ | 0:2 | 1:1 | 0:1 | 1:1 | 0:1 | 0:1 | 0:1 | 0:1 | 1:2 | 0:1 | 1:2 | 0:6 | | 0:1 |
| 12. ノハラガラシ | 3:0 | 0:1 | 1:0 | | 2:2 | 0:2 | 1:0 | | 1:1 | 0:1 | *5:8 | ˙1:10 | | 2:0 |
| 13. キバナスズシロ | | | 2:0 | 1:0 | 1:0 | | | | 2:0 | 0:1 | 2:0 | | | |
| 14. オハツキガラシ | | | | | 2:0 | 0:1 | | | 0:1 | 1:1 | 1:0 | 1:2 | | |
| 15. ワイルドロケット | 0:1 | 0:1 | | | 0:1 | 1:0 | | | 0:1 | 0.1 | 1:1 | 3:0 | | |
| 16. ロボウガラシ | 0:1 | 1:0 | | | 0:1 | 1:0 | | | 0:1 | 1:0 | 1:1 | 0:3 | 1:4 | 0:5 |
| 17. アレチガラシ | 1:0 | 0:1 | 1:0 | | 0:1 | 0:1 | | | 0:1 | 0:1 | °1:2 | *1:2 | | |

注 1）行・列番号：基本としては、1 ～ 8 は栽培植物、9 ～ 17 は雑草または野草。

注 2）各マス内の比：学術論文中の交雑可能例：交雑不可能例。ただし、個々の例の受粉花数には大きな差異があるので、花数が多ければ交雑可能になった事例もあるに違いない。また、通常、一方向の他家受粉のみ行ない交雑不可能だった場合には、論文にはしないので、実際には交雑不可能だった例がもっと多いはずである。

注 3）人工受粉による 1 花当たり雑種個体数の中央値：二重下線ゴシック（2.0 以上）、ゴシック（0.8 ～ 0.4）、二重下線（0.4 ～ 0.1）、下線（0.09 ～ 0.01）、裸数字（中央値＝ 0 であるが、ごく稀に雑種が得られる）。なお、種・属間交雑では、重複受精後の幼胚が崩壊しやすいため、育種的には子房培養や胚培養などによって幼胚救助を行なうことが一般的になっている。

注 4）肩付き印：*印（圃場で自然受粉による種・属間交雑が確認されている）、˙印（網室内で自然雑種が確認されている）、° 印（雄性不稔個体を用いた場合に自然雑種が確認されている）。

引用文 13、14 などを参考にして作成。ただし、数値は元論文などに基づき微修正してある。

型復帰個体には、カブ・ハクサイ類からの移入遺伝子が存在し得る。また、雑種植物が花粉親と反復戻し交雑すると、細胞質置換（核置換）された復帰個体が生じることになる。

除草剤耐性GMカノーラと野生アブラナの雑種後代に生じる野生アブラナ型復帰個体が除草剤耐性を示す場合、除草剤が散布されれば優先的に増殖して、集団内で除草剤耐性遺伝子の遺伝子頻度を高め、強有害雑草化するが、除草剤を散布されなくても遺伝子頻度が低下せず集団内に平衡的に保持される場合が多い。そして、コムギやトウモロコシなどと組み合わせて四年目ごとにセイヨウナタネを栽培する輪作体系では、野生アブラナとの雑種F1植物は翌年に芽生えるのでコムギ畑に混生するが、野生アブラナ花粉による戻し交雑種子は休眠性を有するため土壌中に保存され、次のセイヨウナタネ栽培年まで五月雨《さみだれ》的に毎年発芽して栽培作物と混生するため、自然受粉による浸透交雑が容易に進む[14]。

**カラシナ類との種間雑種**　セイヨウナタネ類との間の三基四倍体F1植物（2n=4x=37, AABC）は、稔性が低いが（AB）または（AC）的染色体構成の配偶子が形成され、両親との自然戻し交雑が起こり、F3代には両親間で遺伝子移入したカラシナ型やセイヨウナタネ型の復帰個体が生じる。カラシナ類（♀）と除草剤耐性GMセイヨウナタネ（♂）のF1植物では、カラシナ類との二度の人工戻し交雑で、除草剤耐性を示す稔性の高いカラシナ型復帰個体（AABB）を得た事例もある[17]。なお、カラシナ類とカブ・ハクサイ類の自然雑種は報告されていないが、自然交雑の可能性が指摘されている。

**キャベツ類との種間雑種**　セイヨウナタネ（♀）との自然交雑は知られておらず、セイヨウナタネ（♂）との自然交雑は低頻度であるが可能であり、得られる二基三倍体F1植物（2n=3x=28, ACC）は、複数の三価染色体を形成するが（AC）または（C）的染色体構成の配偶子や非還元配偶子（ACC）ができるので、それなりの稔性を有し、かつキャベツ類と同様に多年生であるため、両親との浸透交雑によって短年月の間に、両親間で遺伝子移入した復帰個体が成立し、場合によっては二基六倍体（AACCCC）が生じる可能性がある。

**セイヨウノダイコン（キバナダイコン）との属間雑種**　除草剤耐性遺伝子がホモ接合のセイヨウナタネとの間の三基三倍体（2n=3x=28, ACRr）またはセイヨウノダイコンの非還元配偶子（RrRr）が受精した三基四倍体F1植物（2n=4x=37, ACRrRr）F1植物の七個体とセイヨウノダイコンとの戻し交雑第一代（BC1）の染色体数は、最少が2n=24で最大は2n=64以上であり、出現頻度の高いものは2n=27～29（最大の系統では約六〇％）と2n=36～38（最大で約三〇％）であり、系統によっては染色体数の多い個体が約半数を占めた（2n=48～60または2n=57以上）。BC1植物（2n=28～64）からのBC2植物の染色体数は、

2n=26～58であり、それらに含まれるセイヨウノダイコンの染色体数はほとんどが一八本であった。こうして、セイヨウノダイコンとの反復戻し交雑第四世代（BC4）では、多くの個体の染色体数は2n=23以下で、セイヨウナタネの種々の染色体を含む[18]。初期世代では個体当たり一〇粒ほどしか実らないが、戻し交雑をすすめると二〇〇粒も実るようになる。三基六倍体（2n=6x=56, AACCRrRr）でも、細胞遺伝学的になかなか安定しないが、後代が得られる。

**ノハラガラシとの属間雑種**　わが国にも移入植物として自生するノハラガラシとの雑種Ｆ１植物は、花粉稔性が低いが、Ｆ２植物が得られ、戻し交雑も可能であり継代できる。

**オハツキガラシとの属間雑種**　カラシナ（♂）との間の三基六倍体Ｆ１植物（2n=6x=66, EgEgAABB）は稔性があり、クロガラシやセイヨウナタネなどとも容易に自然交雑するので[19]、もしも自然雑種ができれば継代できる。

**アレチガラシとの属間雑種**　セイヨウナタネ（♂）との間のＦ１植物は、稔性が極めて低く結実率は低いが、研究事例が増えれば容易に継代できる例があるかもしれない。

## ５―３　近縁種間の雑種後代の細胞遺伝学的展開

近縁種間の雑種Ｆ１植物と後代の細胞遺伝学的特性を含む展開は、対象集団や個体の遺伝特性、交雑組み合せをはじめ、植物の内的・外的環境や受粉の様相などによって大きく変動する[20]。雑種個体と両親または一方の親集団との浸透交雑により、両親の同種ゲノム間では遺伝子移入が起こる場合が多い。異種ゲノム間でも、交雑組み合せによっては染色体の異親対合の頻度がそれなりに高く、遺伝子移入の可能性がある。雑種個体の染色体数が倍加して二基四倍体（複二倍体）など異質倍数体植物が成立する場合もある。

以下、ＧＭカノーラ（2n=4x=38, AACC）を念頭に置きながら、二つの組み合せの雑種について見てみよう[1]。

**カブ・ハクサイ類**（2n=2x=20, AA）**との組み合せ**　雑種Ｆ１植物は、二基三倍体（2n=3x=29, AAC）が基本で、染色体対合は10II+9Iが多く、配偶子の染色体数は多様（n=10～29）であるが、稔性を有する多くの配偶子の染色体数は、n=10とn=19または、それらに近い。二基三倍体では、稔性を有する配偶子の形成頻度が低いため結実率は低いが、株間受粉か両親種との戻し交雑によって、次世代にはカブ・ハクサイ型復帰個体（2n=2x=20）やセイヨウナタネ型復帰個体（2n=4x=38）と、二基三倍体（2n=3x=29）ならびに、これらに近い染色体数の異数体が生じる。こうして、二基三倍体の後代では、両親種の間で種々の遺伝子移入が起こり得る。

**セイヨウノダイコン**（2n=2x=18, RrRr）**との組み合せ**　セイヨウナタネとの間の三基三倍体や三基四倍体などでは、染色体対合など細胞遺伝学的特性の個体変異が大きく、反復戻し交雑後代における各個体の染色体数や遺伝子移入の可能性は多様である。三つのゲノム（A, C, Rr）間にはかなりの相同性があるので、雑種Ｆ１植物では三価染色体が生じ得るが、後代の初期世代では非還元配偶子が受精にあずかる確率が高いために、三基五倍体（2n=5x=46, ACRr + RrRr）、三基六倍体（2n=6x=55, ACRrRr + RrRr）とこれらに類する染色体数の個体が多数生じる。なかには、雑種Ｆ１植物の単為発生（無受精種子形成）によって次世代が生じる場合もある。[18]

## ６　雄性不稔利用によるＧＭカノーラ一代雑種（Ｆ１）品種

二〇〇四年、農水省は、茨城県鹿島港周辺にバイエルクロップサイエンス社製の雄性不稔（ＭＳ）利用Ｆ１品種"MS8RF3"（http://www.bch.biodic.go.jp/download/lmo/public_comment/MS8RF3ap.pdf）などカナダ産ＧＭナタネ三種類が自生すると発表した（http://www.s.affrc.go.jp/ docs/press/2004/0629.htm）。カナダで栽培されたカノーラがＦ１種子で、輸入されたのはＦ２種子だから、自生植物はＦ２世代かＦ２個体に実った種子が生育したＦ３世代以降である。そこで、このＧＭ一代雑種品種の採種から雑種後代までの展開を知っておく必要がある。

### ６―１　種子親、花粉親の育成・維持とＦ１種子の採種

このＧＭナタネＦ１品種（MS8RF3）は、除草剤グルホシネート耐性遺伝子（*bar*）と雄性不稔遺伝子（*barnase*）を導入したＧＭ雄性不稔系統が種子親で、花粉親には稔性回復遺伝子（*barstar* 遺伝子）をもつＧＭナタネ系統を利用する。すなわち、①葯《やく》のタペート細胞で特異的に発現するタバコ由来の遺伝子 *TA29* のプロモーター、②グラム陽性細菌由来の RNase（リボヌクレアーゼ）である BARNASE の遺伝子（*barnase*）、③ BARNASE と特異的に結合してこの遺伝子の働きを阻害するグラム陽性菌由来の BARSTAR の遺伝子（*barstar*）を用意した。①のプロモーターにより、②が葯のタペート細胞で特異的に働き BARNASE が生産され、細胞内のＲＮＡが分解されてその細胞は死滅し、花粉が形成されず雄性不稔となる。この系統を種子親として、③をもつ稔性回復系統を花粉親とすれば、花粉稔性を有するＦ１種子が得られる。

**遺伝的背景**　①、②を除草剤グルホシネート耐性遺伝子とセットで導入した雄性不稔（MS8）系統を種子親、③を除草剤耐性遺伝子とセットで導入した稔性回復（RF3）系統を花粉親とする。ＧＭ品種の導入遺伝子は一遺伝子である場合が多い。MS8 系統への導入セットが一コピーなら、遺伝子型は（*barnase*/―）である。花粉親系統では、当初のセットの遺

伝子型は（—/*barstar*）なので、自家受粉で後代を得て、除草剤耐性を示し、かつホモ接合（*barstar/barstar*）の個体を選抜すれば、継代可能なRF3系統を育成できる。そこで、MS8系統とRF3系統を両親として、除草剤耐性GM一代雑種品種（MS8RF3）の市販種子が採種できる。F１種子のBARNASEとBARSTARの遺伝子型は、（*barnase*/—，—/*barstar*）と（—/—，*barstar*/—）が一対一に分離しているが、全個体が花粉稔性を有し、自然受粉（自家・他家混合受粉）で結実する。MS8系統の維持は、遺伝子組み換え前の品種（遺伝子型—/—）を雄性不稔維持系統として、MS8系統に他家受粉すれば、得られる種子には（*barnase*/—）と（—/—）が一対一に分離するので、除草剤処理をして耐性個体を残せば、MS8系統と同じ遺伝子型（*barnase*/—）の個体だけの集団にできる。

### ６—２　雄性不稔を利用したGM一代雑種ナタネの後代

上述のとおり、カナダの農家が栽培するGM一代雑種品種は、（*barnase*/—，—/*barstar*）と（—/—，—/*barstar*）の遺伝子型が半数ずつである。ここで、全個体に自殖種子が実ったとすると、計算上は前者の遺伝子型からは計一六組み合せで各F２個体の遺伝子型が決まり、うち一組み合せ（*barnase/barnase*，—/—）と二組み合せ（*barnase*/—，—/—）が雄性不稔となる。後者の遺伝子型からの計一六組み合せでは、雄性不稔個体は生じない。このため、カナダから輸入するGM一代雑種品種のF２植物全体としては、三二分の三（九・四％）が雄性不稔となる。

実際には、他殖種子も実るので雑種後代の展開はもっと複雑であるが、少数の雄性不稔個体が混在し、セイヨウナタネやカブ・ハクサイ類などの花粉が容易に自然交雑する。

## ７　GM作物の自然交雑による農業・自然生態系への影響

農水省をはじめGM育種推進者はGM作物の生態系への影響を軽視するが、[21]私はとても軽視できない。

### ７—１　自殖性植物は自然交雑しにくく問題ないか

以下の二つの現実を直視すれば、[22]この問いに対する回答は「否」としか言えない。

**他殖性植物・自殖性植物は人間の勝手な分類**　完全な自殖性植物はないため、他殖率四％以下を完全自殖性としている。[23]例えば、自殖性とされるイネも花粉症原因植物であり、[24]状況次第で高い他殖性を示す。自殖性が高くても花粉飛散が少ないとは限らない。

**他殖性から自殖性まで連続的で可変性に富む**　生殖様式は、自家和合性または自家不和合性（自家花粉が自家受粉したとき受精・結実できるか否かの能力）の程度と自動自家受粉能力の程度で決まる。[25] しかも、これらの程度は、植物の内的・外的要因で変動するので、[3・20] 生殖様式は個体間差異、個体内差異が大きい。

### 7―2　虫媒受粉植物は風媒受粉植物よりも問題が少ないか

以下の二つの現実を直視すれば、この問いに対する回答も「否」としか言えない。

**風媒受粉植物・虫媒受粉植物は人間の勝手な分類**　一受粉法だけの植物は少なく、花粉媒介者の種類には大きな種内変異がある。[22] 花粉媒介者が不要な植物でも、風や昆虫などで大量の花粉が飛散し他殖種子も実らせる。虫媒受粉植物とされる花粉症原因植物が多数ある。[24]

**花粉源の集団の大きさで異なる花粉飛散距離**　風媒・虫媒を問わず、花粉源の畑が広いほど花粉飛散は遠方に及び、花粉の主要飛散距離と集団間で自然交雑しない隔離距離は、小集団でも不定であり、標準化できない。[26・27]

### 7―3　異なる種間の交雑不親和性の程度は不変か

以下の三つの現実を直視すれば、この問いに対する回答も「否」としか言えない。

**植物の内的・外的要因による交雑不親和性の一時的消去**

近縁種間の交雑不親和性（生殖的隔離）が一時的に弱まり、種間雑種が生じることがある。[3・20・22] 痩せた乾燥土壌で貧弱に育った個体や開花末期の個体の花では交雑可能性が高まりやすい。自家花粉と他家花粉の混合受粉でも、異種花粉のメントール効果（一方の花粉が他方の花粉に及ぼす作用）により交雑しやすくなる。また、減数分裂しそこねて体細胞の染色体数と同数の非還元配偶子が生じると、雑種ができやすくなる。調査する個体や花や種子の数が少ないと、自然交雑しない結果になりやすい。

**交配組み合せによる交雑親和性の差異**　種間雑種は、自然受粉で得られる、人工受粉で得られる、人工受粉で幼胚救助策（胚培養・子房培養）を講じれば得られる、など種々の場合がある。しかも、品種・系統や個体が異なれば雑種が得られる場合がある。[28] セイヨウナタネ類とカブ・ハクサイ類の間では、交雑組み合せによって正逆交雑とも自然雑種ができる。ダイコンにキャベツの花粉を人工授粉すると、桜島大根は莢《さや》もつかないが、大蔵大根は雑種が生じやすい。

**種間雑種後代の様相**　種間のF1植物は不稔で継代できない場合もあるが、継代が容易な場合もある。日本のセイヨウナタネ育種ではアブラナとの種間交雑が成果をあげ、ハクサイ育種にもセイヨウナタネとの種間交雑が利用された。種間雑種を数世代継代すると、種子稔性の高いセイヨウナタネ型個体とカブ・ハクサイ型個体が分離し、これら復帰型個体には両種間で染色体や遺伝子を交換した個体がある（生井、1983）。野生アブラナとセイヨウナタネの自然交雑によるF1植物では、雑種個体だけの集団では種子がほとんど実らないが、両親と混生すれば大量の種子が実る。戻し交雑（F1植物×野生アブラナ）による集団は、両親種と混生した場合よりも大量の種子が実る。このように、雑種個体の密度、個体数や両親種との混生状態などにより、雑種後代の展開が大きく異なる。これは、GM植物から野生種や他の栽培種への遺伝子流動を把握する際に留意すべき問題である。

なお、種間交雑では偽雑種（種子親と同数の染色体数をもつ傾母個体）が得られやすい。シロイヌナズナの花粉をセイヨウナタネに受粉して得られた偽雑種にはシロイヌナズナの遺伝子が発現しており[29]有性生殖によらない遺伝子伝達の可能性を示唆しており、極めて興味深い。

少数のデータにもとづく結論は生物現象を正しく反映しないとされるが[30]、まったく同感である。

### 7—4　自家採種において他集団との自然交雑を防ぐ方法

種々の作物の多様な品種を栽培する農業生態系は、生物多様性に富み安定している。作物が生育環境に応じ「遺伝性と変異性の矛盾」を操る場である生殖過程を経させて次期作向けに自家採種すれば、地域ごとの農民品種がその土地の気候風土にいっそう適応するように改良しながら累代栽培できるので、極めて理に適っている[31・32]。しかし、自家採種の方法が適切でないと種子の質が落ちる。

そこで、GMカノーラなど他集団との混交を可能な限り防いで自家採種するためには、①十分な距離的隔離（国の「第一種使用規程承認組換え作物栽培実験指針」では六〇〇メートル以上となっているが、少なくとも一キロメートル以上、可能なら二キロメートル離したい）の他に、②採種圃の周縁部（幅二メートル）を番外畦《あぜ》として、そこに実った種子を収穫しない、③採種圃を寒冷紗か不織布（高さ約二メートル）で取り囲む、④広い畑では中央部に実った種子のみを収穫する、などの手立てが必要である[33・34]。

## 結語——GM植物は遺伝子汚染源となり得る

ある除草剤耐性GMセイヨウナタネの「第一種使用規定申請書」に対する国の学識経験者の検討結果を見てみよう。そもそも、日本の「カルタヘナ法」（本書第3部で詳述）は、GM生物の影響評価の対象を本来の野生動植物のみに矮小化している。そのため、日本でアブラナ科栽培植物が野生化していても、すべて「栽培由来の外来種であり、いずれも影響を受ける可能性のある野生動植物としては特定されない」から、自然交雑可能なアブラナ科野生植物は皆無との理由で、栽培品種や野生化した自生種と交雑してもお咎《とが》め無しである。

「本組換えセイヨウナタネがこぼれ落ちや栽培に由来して路傍等で生育し、路傍や河川の土手等に生育しているセイヨウナタネと交雑することにより雑種が生じる可能性がある」。しかし、「本組換えセイヨウナタネと非組換えセイヨウナタネの雑種が非組換えセイヨウナタネ以上に競合において優位となり、他の野生動植物種の個体群を駆逐する可能性は極めて低いと考えられ」、また、「除草剤耐性遺伝子が浸透することによりセイヨウナタネの個体群が急速に縮小することは考えにくい」としている。以上は、そのとおりであろう。

次に、わが国の隔離圃試験の結果として、カブ・ハクサイ類やカラシナ類と本GMセイヨウナタネの自然交雑率は隣接〇メートル区が最も高く、前者が八・五%、後者が三・四%で、一〇メートル地点では両者が〇%であることが示され、自然交雑しても「これらの近縁種はそれぞれ染色体の数や構成が異なっていることから、交雑で生じた種間雑種の花粉や種子の稔性は著しく低下するというような雑種崩壊のメカニズムがある」。また、「本組換えセイヨウナタネの近縁種との交雑に関する性質は非組換えセイヨウナタネと比較し大きく異ならないと考えられ」、近縁種と「本組換えセイヨウナタネが交雑したとしても導入遺伝子がこれらの個体群中に浸透していく可能性は極めて低いと考えられる」として、申請書の結論を妥当であると判断した。この結論は極めて機械論的・固定的観点に基づき、動的な生命の本質を見落としており、支持できない。少数の研究結果から近視眼的に普遍的結論を出すことは禁物である。

なお、「植物の新品種の保護に関する国際条約」(UPOV条約)に関連し、改定「UPOV条約一九九一年法」と、一九九五年発効の国連世界貿易機関(WTO)の「知的所有権の貿易関連側面に関する協定」(TRIPS)が米国の特許法に倣い「植物と動物がクローン的または遺伝子的に改変されていれば特許対象」として、遺伝子組み換え生物(GMO)の特許を認めた。その結果、登録品種を育種材料に使う自由(育種家免責)と次期作用種子を自家増殖する自由(農民特権)が規制され、わが国でも二〇〇六年の「種苗法施行規則(自家増殖の特例の例外植物の追加指定)の一部改正」で、品種育成者権者の保護を最優先して出願公表時から品種育成権を認め、将来的には全植物の自家増殖を規制する方向である。

生命に対する特許権の適否を根本的に議論しないまま、知的財産権としての生命特許が大手を振って多国籍バイオ企業などに乱発される状況は、大問題である。農家による自家増殖の原則禁止の方向も、生命特許と同じ道を目指す序章であり、その前にＧＭカノーラの自生によって、農民によるアブラナ科作物の自家採種種子の純潔が脅かされている。

こんな寒々しい世界でなく、自然豊かな明るい世界で、非ＧＭ菜種油で揚げたナバナの天ぷらと、ハクサイの漬物と、ダイコンが具の味噌汁で、のんびり白飯を食べたいものだ。

## 引用文献


1. 生井兵治・相馬　暁・上松信義 編著（2003）『農学基礎セミナー新版 農業の基礎』農文協、東京。
2. 福岡伸一（2009）『動的平衡――生命はなぜそこに宿るのか』木楽舎、東京。
3. 生井兵治（1998）植物の生殖的隔離を破るための理論的考察。育種学最近の進歩 40, 63-66.
4. 生井兵治（2001）『ダイコンだって恋をする――ポコちゃん先生の熱血よろず教育講座』エスジーエヌ、東京。pp.199-220.
5. 生井兵治（1983）種・属間交雑による形質導入と新作物の作出 アブラナ科。所収 生井兵治ほか 編著（村上寛一 監修）（1983）『作物育種の理論と方法』養賢堂。東京。pp.198-203.
6. 水島宇三郎・角田重三郎（1969）アブラナ属栽培種の起源について、農業および園芸 44, 1347-1352.
7. Yang, Y.-W. et al.（2002）A study of the phylogeny of *Brassica rapa, B. nigra, Raphanus sativus*, and their related genera using noncoding regions of chloroplast DNA. Molecular Phylogenetics and Evolution. 23, 268-275.
8. Lysak, M. A. et al.（2005）Chromosome triplication found across the tribe *Brassiceae*. Genome Research 15, 516–525.
9. 浅井元朗ほか（2007）1990年代の輸入冬作穀物中の混入雑草種子とその種組成、雑草研究 52（1）, 1-10.
10. 生井兵治（1976）アブラナ類の種・属間交雑による形質導入に関する細胞遺伝・育種学的研究、東京教育大学農学部紀要 22, 101-171.
11. Namai,H.（1987）Inducing cytogenetical alterations by means of interspecific and intergeneric hybridization in brassica crops. Gamma Field Symposia 26, 41-89.
12. Scheffler, J. A. and Dale, P. J.（1994）Opportunities for gene transfer from transgenic oilseed rape（*Brassica napus*）to related species. Transgenic Research 3, 263–278.
13. FitzJohn, R. G. et al.（2007）Hybridisation within *Brassica* and allied genera: evaluation of potential for transgene escape. Euphytica 158, 209-230.
14. Devos, Y., De Schrijver, A. and Reheul, D.（2009）Quantifying the introgressive hybridisation propensity between transgenic oilseed rape and its wild/weedy relatives. Environmental Monitoring and Assessment 149, 303-322.
15. Jørgensen, R. B. et al.（2009）The variability of processes involved in transgene dispersal-case studies from *Brassica* and related genera. Envi-

ronmental science and pollution research international 16, 389-395.
16. 山岸 博（2006）栽培、野生ダイコンにおける系統分化とオグラ型雄性不稔細胞質の起源、育種学研究 8, 107-112.
17. Song, X. et al.（2010）Potential gene flow of two herbicide- tolerant transgenes from oilseed rape to wild *B. juncea* var. *gracilis*. Theoretical and Applied Genetics 120（8）, 1501-1510.
18. Chèvre, A. M. et al.（2007）Modelling gene flow between oilseed rape and wild radish. I. Evolution of chromosome structure. Theoretical and Applied Genetics 114, 209-221.
19. Rao, G. U. et al.（1998）Isolation of useful variants in alloplasmic crop brassicas in the cytoplasmic background of *Erucastrum gallicum*. Euphytica 103, 301-306.
20. 生井兵治（2002）植物育種における受粉生物学の体系化、育種学研究 4（3）,167-176.
21. 農業環境技術研究所 編（2003）『遺伝子組換え作物の生態系への影響（農業環境研究叢書第14号）』養賢堂、東京。
22. 生井兵治（1992）『植物の性の営みを探る』養賢堂、東京。
23. Frankel, R. and Galun, E.（1977）Pollination Mechanisms, Reproduction and Plant Breeding. Springer-Verlag, Berlin.
24. 宇佐神 篤・栢植昭宏・杉本昌利・岩崎 勝・高木恭子（2004）日本の花粉アレルゲン――植物学的分類に従って――、耳鼻咽喉科・頭頸部外科 76（5）（増刊号）, 221-234.
25. Namai, H., Ohsawa, R. and Ushita, M.（1992）Independent evolution of automatic self-pollination ability and self-fertility in *Raphanus sativus* L. and *Brassica juncea* Coss.: The pathway from allogamous plant to autogamous plant. *In* Batygina T. B.（ed.): Embryology and Seed Reproduction, St. Petersburg: Nauka St. Petersburg Branch. pp.387-388.
26. 生井兵治（2004a）植物集団間の自然交雑と隔離に関する受粉生物学的考察〔1〕「はじめに」ならびに1.集団間における自然交雑の様態（その1）集団間における遺伝子流動の実態を把握する際の留意点、農業および園芸 79（11）, 1158-1162.
27. 生井兵治（2004b）植物集団間の自然交雑と隔離に関する受粉生物学的考察〔2〕1.集団間における自然交雑の様態（その2）種内における自然交雑 (1)虫媒受粉を主とする植物の事例、農業および園芸 79（12), 1280-1285.
28. 生井兵治（2005a）植物集団間の自然交雑と隔離に関する受粉生物学的考察〔5〕1.集団間における自然交雑の様態（その3）種間の自然交雑 (2)栽培植物間ならびに栽培植物と近縁植物との間の種間交雑の可能性、農業および園芸 80（5）, 553-562.
29. Dixelius, C. and Forsberg, J.（1999）Sexual transfer of *Arabidopsis* DNA to *Brassica napus*. Plant Breeding 118（6）, 565-567.
30. Ellstrand N. C.（2003）Dangerous Liaisons?: When Cultivated Plants Mate with Their Wild Relatives. Johns Hopkins University Press, Baltimore London.
31. 生井兵治（2008a）自家増殖の規制は作物の遺伝的多様性を貧困化させる、現代農業 87（2）, 174-179.
32. 生井兵治（2008b）有機農家に自家育種を加味した自家採種を勧めたい、農業および園芸 83（3）, 333-334.

33. 生井兵治（2005b）植物集団間の自然交雑と隔離に関する受粉生物学的考察〔11〕2.集団間の隔離の方法と精度（その２）距離的隔離における隔離距離(5)いろいろな採種基準による隔離距離の比較、農業および園芸 80（11), 1169-1176.

34. 生井兵治（2006）植物集団間の自然交雑と隔離に関する受粉生物学的考察〔13〕2.集団間の隔離の方法と精度（その４）距離によらない隔離の方法、農業および園芸 81（1), 25-32.

# 第Ⅱ部　市民による遺伝子組み換え（ＧＭ）ナタネ自生調査活動

■第1章

# GMナタネ自生調査六年間の記録

## ■遺伝子組み換え食品いらない！キャンペーン

### GMナタネの栽培拡大

カナダでは一九九六年から遺伝子組み換え（GM）ナタネの栽培が始まり、年々作付け面積を拡大してきた。そのカナダで船に積まれ、日本の港に入ってきたGM品種をたくさん含んだナタネ（カナダ産ナタネの二〇〇五年のGM品種の割合は八一・五％）は、倉庫に入れられ、倉庫からトラックに積み込まれナタネ油製造工場へと運ばれていく。倉庫の出し入れの際、トラックへの積み込み・積み降ろし、輸送の際に、種子はこぼれ落ち、自生し始めた。その種子が成長して花を咲かせる。花が咲くと花粉が飛散して次の世代をつくる。このように、日本全国にGMナタネが広がり始めた。

カナダから入ってきているのは西洋ナタネの中のカノーラ（あるいはキャノーラ）と呼ばれる品種である。現在日本全国の河川敷などで自生しているナタネは、主にカラシナであり、これも外来種である。もう一種類、在来のナタネがあるが、現在菜の花街道に用いられている品種は、この在来種を改良したものが多い。

GMカノーラは、すべて除草剤耐性で、除草剤ラウンドアップ耐性の品種（米モンサント社）とバスタ耐性の品種（独バイエル・クロップサイエンス社）がほぼ半数ずつを占めている。ラウンドアップ耐性は、「ラウンドアップレディ（RR）」、バスタ耐性は、「リバティ・リンク（LL）」という商品名がつけられている。

カナダから入ってくるカノーラの中のGM品種の割合が増えつづけた結果、最近では自生しているカノーラの大半がGM品種である。このまま自生が広がっていくと、カラシナなどアブラナ科の近縁種と交雑を起こし、農家の畑にまで汚染がおよび、食品に入ってくる可能性が強まっている。

GMナタネの自生が最初に報告されたのは、二〇〇四年六月二九日のことだった。発表したのは農水省で、茨城県鹿島港周辺の調査報告である。同報告は、農水省の委託を受けて、財団法人・自然環境研究センターなどが二〇〇二年と二〇〇三年、二年間かけて行なった調査結果、鹿島港の周辺でGMナタネの自生が確認されたというものだった。しかし同省は、これは想定の範囲内であり問題ない、とする見解を発表している。

その後も農水省や環境省によって調査が繰り返し行なわれ、ナタネが入ってくる港周辺でのGMナタネ自生が確認されてきた。米国やカナダなどから輸入しているGM作物の本体は、トウモロコシ、大豆、ナタネ、綿実、すべて種子である。それらの作物のこぼれ落ち種子が自生している。このような事態は輸入開始の当初から想定されていたことである。GM作物の自生は、ナタネだけではない。鹿島港や清水港周辺では、大豆やトウモロコシの自生も確認されている。

## 市民が全国調査を開始する

政府による調査は、港の周辺に限定されているため、汚染の拡大を調査するものにはなっていない。そこで市民団体の「遺伝子組み換え食品いらない！キャンペーン」が呼びかけ、市民自身による全国調査が提案され、二〇〇五年春から実施されてきた。

グリーンコープ、生活クラブ生協、生協連合きらり、大地を守る会、コープ自然派、新潟総合生協、その他多くの市民団体・個人が参加した大規模な調査活動になった。調査参加者は、毎年一五〇〇人程度である。

調査個所は、主にカナダからのナタネが入る港と食用油工場、その港と食用油工場を結ぶ道路沿いの、点と点を線で結んだところだが、同時に、住宅街など、参加者が気付いた身近な場所にまで広げることになった。

調査を行なう際のポイントは五つである。
一、誰でもが参加できる。
二、ナタネの葉を採取してキットで検査する。GMナタネの反応が出たら、検査会社に出してDNA判定を行なう。このキットは、米国農務省や日本の農水省が輸出入時に用いているものである。

表１　2005 年 GM ナタネ自生全国調査の結果

| 調査都道府県 | 採取数 | 陽性 | |
|---|---|---|---|
| | | RR | LL |
| 福岡県 | 394 | 4 | 1 |
| 兵庫県 | 32 | 1 | 0 |
| 大阪府 | 69 | 1 | 0 |
| 千葉県 | 285 | 1 | 1 |
| 長野県 | 69 | 5 | 0 |
| その他 18 都道府県 | 328 | 0 | 0 |
| 23 都道府県総計 | 1177 | 12 | 2 |

（計 14）

RR はラウンドアップ耐性ナタネ、LL はバスタ耐性ナタネ

表２　2006 年 GM ナタネ自生全国調査の結果

| 調査都道府県 | 採取数 | 陽性 | | |
|---|---|---|---|---|
| | | RR | LL | RR +LL |
| 福岡県 | 504 | 13 | 8 | 0 |
| 大分県 | 19 | 0 | 1 | 0 |
| 兵庫県 | 30 | 0 | 1 | 0 |
| 茨城県 | 21 | 0 | 2 | 0 |
| 千葉県 | 238 | 4 | 0 | 1 |
| その他 37 都道府県 | 1130 | 0 | 0 | 0 |
| 42 都道府県総計 | 1942 | 17 | 12 | 1 |

（計 30）

RR+LL はラウンドアップとバスタの両方に耐性をもつナタネ

表３　2007 年 GM ナタネ自生全国調査の結果

| 調査都道府県 | 採取数 | 陽性 | |
|---|---|---|---|
| | | RR | LL |
| 福岡県 | 402 | 14 | 9 |
| 熊本県 | 37 | 0 | 1 |
| 鹿児島県 | 22 | 0 | 1 |
| 兵庫県 | 27 | 1 | 1 |
| 大阪府 | 114 | 0 | 1 |
| 千葉県 | 170 | 3 | 2 |
| 静岡県 | 43 | 2 | 2 |
| その他 36 都道府県 | 802 | 0 | 0 |
| 43 都道府県総計 | 1617 | 20 | 17 |
| | | | （計 37） |
| 韓国 | 3 | 0 | 0 |

三、カノーラだけでなく、カラシナや在来のナタネも調べて、交雑による拡大を見る。
四、自生状態をまとめ「汚染マップ」を作り、報告会をもつ。
五、その成果をもって国、自治体、企業、さらには国際機関にも働きかけて汚染の拡大を防ぐ。将来的には遺伝子組み換え食品のない社会を目指していくものの、現時点では汚染の拡大を防ぐことが大切である。

二〇〇五年、二〇〇六年は、一次検査では、基本的には葉を採取した現場で、キットによるタンパク質の検査を行ない、陽性と疑われるケースに関しては二次検査にまわした。二〇〇五年はまだ不慣れであったため、一次と二次の間で陽性と判定した数に誤差が大きかったが、二〇〇六年にはその誤差がほとんどなくなった。そこで二〇〇七年は一次検査だけの判定とした。

一次検査で用いるキットは、色の変化で判定する。一本しか色の変化が見られない場合は陰性、二本変化した場合は陽性、色の変化が見られない場合は不良である。キットにはRR（ラウンドアップレディ）とLL（リバティリンク）の二種類あり、一つのサンプルにこの二種類のキットを用いて判定する。

キットが陽性反応を示した場合、二次検査にまわすが、二次検査ではPCR法によるDNA検査を行なった。

## GMナタネ 調査結果 二〇〇五年

二〇〇五年は三月から調査が始まり、七月九日に調査結果がまとまった。この年、全国四七都道府県中、二三都府県で調査が行なわれ、総検体数は一一七七だった。一次検査では、一五八検体が陽性と思われる反応を示したため、それらを二次検査にまわしたところ一四検体が陽性と確定した。

一次と二次の間でこのように数に大きな誤差が生じたのは、二つの理由からだった。一つ目の理由は、調査した人間がまだキットの取り扱いに不慣れだったため、ごく薄い色の変化や緑色（葉緑素）のものも疑陽性として二次検査に回したこと、二つ目の理由は、サンプルの扱いに不慣れだったため、送付中に腐敗したりして二次検査不能だったものが多数出たことによる。そのため一次と二次の数に大きなギャップが生じた。それでも一四検体が陽性と確定した（表3）。

陽性と出た地域の特徴は、千葉県、福岡県では、港周辺で検出されたが、それに加えて、福岡県、長野県、兵庫県、大阪府で、住宅地など本来GM品種が自生していないはずの地域で、GMナタネが検出されたことである。とくに長野県は、港も製油工場もなく、輸送経路にも当たらない。このような

表４　2008 年 GM ナタネ自生全国調査の結果

| 調査都道府県 | 採取数 | 陽性 | | |
|---|---|---|---|---|
| | | RR | LL | RR +LL |
| 福岡県 | 75 | 15 | 4 | 0 |
| 熊本県 | 70 | 1 | 0 | 0 |
| 大分県 | 59 | 0 | 1 | 0 |
| 山口県 | 18 | 1 | 2 | 0 |
| 兵庫県 | 42 | 2 | 0 | 0 |
| 愛知県 | 15 | 0 | 1 | 0 |
| 千葉県 | 82 | 4 | 3 | 0 |
| 静岡県 | 33 | 3 | 0 | 0 |
| 茨城県 | 69 | 0 | 0 | 1 |
| その他 20 都道府県 | 597 | 0 | 0 | 0 |
| 29 都道府県総計 | 1,061 | 26 | 11 | 1 |

（計 38）

表５　2009 年 GM ナタネ自生全国調査の結果

| 調査都道府県 | 採取数 | 陽性 | | |
|---|---|---|---|---|
| | | RR | LL | RR +LL |
| 福岡県 | 77 | 14 | 17 | 1 |
| 神奈川県 | 48 | 1 | 2 | 0 |
| 千葉県 | 101 | 12 | 16 | 0 |
| 愛知県 | 60 | 1 | 0 | 0 |
| 兵庫県 | 21 | 1 | 1 | 0 |
| 鹿児島県 | 26 | 1 | 1 | 1 |
| その他 24 都道府県 | 668 | 0 | 0 | 0 |
| 30 都道府県総計 | 1,001 | 30 | 37 | 2 |

（計 69）

表６　2010 年 GM ナタネ自生全国調査の結果

| 調査都道府県 | 採取数 | 陽性 | | |
|---|---|---|---|---|
| | | RR | LL | RR+LL |
| 茨城県 | 65 | 7 | 6 | 0 |
| 千葉県 | 67 | 1 | 5 | 0 |
| 静岡県 | 47 | 2 | 5 | 0 |
| 愛知県 | 10 | 1 | 0 | 0 |
| 山口県 | 17 | 1 | 0 | 0 |
| 福岡県 | 89 | 25 | 36 | (15) |
| 鹿児島県 | 19 | 1 | 0 | 0 |
| その他 24 都道府県 | 548 | 0 | 0 | 0 |
| 31 都道府県総計 | 862 | 38 | 52 | 0 |

（計 90）

注 福岡県の調査では、複数の試料を用いて一度に調査したため、15 検体で RR と LL の両方に陽性を示したが、両方に耐性を持つものかどうかは不明。

地域で五カ所も自生が見つかったことが、驚きだった。

考えられる可能性としては、鳥が運んだか、飼料に用いるために輸送している途中でこぼれ落ちたか、GM種子が混入した種子を用いたか、といったことである。

## 調査結果　二〇〇六年

二〇〇六年のGMナタネ自生調査も二〜三月から始まり、その結果は、同年七月八日にまとまった。今回は調査範囲が広がり、四二都道府県で調査が行なわれ、総検体数は一九四二に達した。一次検査のキットによるタンパク質検査では三八検体が陽性反応があり、二次検査のPCR法によるDNA検査で、そのうち三〇検体が陽性と確定した。

前年同様、今回の調査結果においても、福岡県、大分県、千葉県など、本来GM品種が自生していないはずの場所で、GMナタネが確認された。とくに大分県日出町で検出されたことは、前年の長野県と同様に、汚染が予想外に拡大していることを示したといえる。

また、この年の調査で、千葉県で食用油製造工場の脇で見つかったGMナタネが、ラウンドアップとバスタの両者に耐性をもっていた。このような両者の遺伝子を持ったナタネは作られておらず、種子か栽培の段階、あるいは落ちこぼれたところで交雑したと考えられる。

## 調査結果　二〇〇七年

第三回GMナタネ自生調査は暖冬の影響で、南の地域では菜の花が早く咲き始めたため、早いところでは一月からスタート、その結果は、二〇〇七年七月七日にまとまった。それによると前年より一県増え四三都道府県で調査が行なわれた。さらに韓国でも調査が行なわれ、総検体数は一六二〇に達した。

この年は調査を行なう人たちが検査になれ、精度が高くなったため、一次検査のキットによる検査だけが行なわれ、一部が念のため二次検査のPCR法によるDNA検査に回された。その結果、三七検体で陽性反応が出た。

この年の調査結果の特徴としては、熊本県八代市や鹿児島県志布志市で、飼料工場がある港の近くで検出された点にある。飼料にはナタネ滓が用いられており、油をいったん絞った後であるため、自生は困難と見ていたが、そこから見つかったことで、今後、飼料工場やその積み降ろし港近辺での汚染調査も必要になった。

この市民による全国調査と協力し合いながら、農民運動全国連絡会（略称・農民連）もGMナタネ自生調査に取り組んでいる。同団体の調査は、港を中心に自生の疑いが強い場所を中心に行なったことで、高い確率で検出された。調査に当たった農民連分析センターの八田純人さんは、四日市港周辺や博多港周辺の汚染がとくにひどいと指摘している。

また、三重県を毎年調査している四日市大学教授の河田昌東さんらは、ＧＭナタネの多年草化という現象が起きていることを確認した。寒冷のカナダでは、ナタネは越年が困難だが、暖かい日本では越年して何年にもわたって生きつづけ、樹木のように大きくなっている。こうなると毎年花粉をまきつづけることになり、生態系への影響はより深刻である。河田さんによると、見つかったＧＭナタネの近辺にはカラシナや在来のナタネが成育しており、それとの交雑は時間の問題だ、という。

## 調査結果　二〇〇八年

二〇〇八年の調査は、これまで行なってきた三年の実績をふまえて、調査地点を絞ったことから、総検体数は前年の一六二〇に比べて、一〇六一と減少した。調査した都道府県数も前年の四三都道府県から二九都道府県と減少した。

しかし、三八検体が陽性反応を示し、前年の三七検体を上回った。

前年から調査を行なう人たちが検査になれ、精度が高くなったため、一次検査の簡易キットによるタンパク質検査が行なわれ、一部が念のため二次検査のＰＣＲ法によるＤＮＡ検査に回されたが、その結果は一致した。

今回も、生協組合員を中心に港や油工場、輸送経路だけでなく、さまざまな個所で調査が行なわれた。

この年の調査結果の特徴としては、港など例年自生している場所で相変わらず自生していることに加えて、熊本市など検出される可能性が低い市街地で検出されたことが上げられる。大分県では一昨年検出した地点でまた見つかった。これまで検出実績のなかった山口県で初めて見つかったことも注目に値する。

茨城県の神栖市では、ラウンドアップとバスタの両方に耐性を持ったものが見つかった。以前にも同じように両方に耐性を持つものが見つかっているが、どこで交雑が起きたかは不明である。今後、同様なものが発見されていくことになりそうだ。

## 調査結果　二〇〇九年

二〇〇九年の調査も、調査地点を絞ったことから、総検体数は前年よりさらに少なく一〇〇一にとどまった。調査した都道府県数も前年とほぼ同数の三〇都道府県だった。しかし、六九検体が陽性反応を示し、前年の三九検体を大きく上回った。

調査を行なう人たちが検査になれたことに加えて、汚染地域で集中的に検査した結果と思われる。GMナタネの三大汚染地域は、関東では千葉港周辺、中部では四日市港周辺および油工場にいたる道路沿い、そして福岡県の博多港周辺である。

今回の調査では、その汚染地域を中心に、港や油工場、輸送経路、試料工場の周辺を重点的に調査した。この年の調査結果の特徴としては、これまで抜き取り作業によってかなり自生が少なくなっていたと思われる三重県や福岡県の汚染地域で、爆発的な自生拡大が起きていたことである。鹿児島県では一昨年検出した地点でまた見つかった。また、ラウンドアップとバスタの両方に耐性を持ったものが福岡県と鹿児島県で見つかった。遺伝子組み換え食品を考える中部の会が行なった調査で、ブロッコリーと思われる植物との交雑種が見つかった（河田論文参照）。

さらには農民連食品分析センターの調査では、検査キットで陰性と出ながら、PCR法では陽性と出たり、逆に検査キットで陽性と出ながら、PCR法では陰性と出るなど、タンパク質と遺伝子の検査で食い違いが出るケースが増えている（農民連の論文参照）。

## 調査結果　二〇一〇年

二〇一〇年の調査は、前年よりもさらに調査地点を絞ったことから、総検体数は八六二と少なく、調査した都道府県数も三一とほとんど変わらなかった。

しかし、九〇検体が陽性反応を示し、汚染の拡大を実感するまでに、その数は増えた。

今回も、港や油工場、輸送経路、試料工場周辺を中心に調査が行なわれた。この年の調査結果の特徴としては、港など例年自生している場所でのGMナタネ自生の拡大が悪化している点が上げられる。

福岡県では抜き取り隊が結成され、抜き取り作業とともに検査が進められたが、自生GMナタネの多さに驚かされた。福岡港での検査は、複数の葉を一緒に検査する方式をとったことで、陽性の割合が高くなった。また、このところ抜き取りや清掃など対策が進められ、自生の拡大が収まっていた茨城県の神栖市で、爆発的な拡大が見られた。さらには、三重県で雑草ハタザオガラシとの交雑種が見つかったことで、早急な対策が必要であることが、改めて確認された（河田論文参照）。

## 結論

一、六年間にわたる調査で、ＧＭナタネの自生が広がっていることを確認した。輸入港、食用油工場、輸送経路では自生が当たり前になっていた。さらにそれ以外のところにも広がっており、その原因は不明である。

二、飼料工場の近辺でも、複数個所でＧＭナタネの自生は確認された。油粕を用いるため、自生はあり得ないと考えられていたところである。

三、ラウンドアップ耐性とバスタ耐性の両方の性質を持ったもの、カラシナ・ブロッコリーとの交雑種や雑草ハタザオガラシとの交雑種も見つかり、キャベツなど他のアブラナ科の植物との交雑も起き得る状況になっている。

　また、生物多様性への影響が懸念され、生態系を通して食品への混入の可能性も近づいた。

四、今後は、大豆やトウモロコシの調査も必要であるが、ＧＭ品種の種類が多いため、市民による調査では限界があり、公的な機関による調査が必要である。

五、現在対策としては、市民や企業による引き抜きや清掃に依存しているのが現状であるが、最近の自生の爆発的拡大を前に、市民による対策では限界に達してしまった。国や自治体の放置したままの姿勢が問われているといえる。

六、抜本的には、ＧＭ品種が大半を占めるカナダからの輸入を停止することが望ましいが、非ＧＭ品種の生産を維持してきたオーストラリアでもＧＭナタネの作付けが始まっていることからも、国産の増産に努めることが必要になってきている。

（文責・天笠啓祐）

■第2章

# 自生調査、行政交渉、抜き取り隊結成

■グリーンコープ

## 1　グリーンコープ生協おおいた

### 大分にGMナタネが自生

生協おおいたは二〇〇五年から遺伝子組み換え（GM）ナタネの自生調査を開始した。

〇五年は別府観光港（別府市）、武蔵町なのはなロード（東国東郡）の二地点で調査し、いずれも陰性だった。

〇六年は県内一九地点で調査した結果、日出町（速見郡）の国道一〇号線沿いの一地点でGMナタネの自生を確認した。検出された遺伝子は除草剤耐性遺伝子で、専門機関での二次検査でも陽性が確定した。

搾油工場も輸入港もない大分県に遺伝子汚染が広がっている事実を重く受け止め、①組合員に向け遺伝子組み換え学習会の開催、②行政に対して汚染ルートの解明や監視の要望、③自生や交雑防止の条例制定に取り組んでいくことを確認した。

### 原因ははっきりせず

汚染ルートの解明は県農林水産部の協力を得て進めた。ナタネ搾りかすを原料としている肥料工場が日出町にあったが、当該肥料会社は「抽出ナタネかすを原料に使用しており、ナタネがそのまま混じることはほとんどない」「圧搾搾りかすは肥料工場を経由せず直接農家に渡る」との返答だった。県内の肥料卸が圧搾ナタネ搾りかすを取り扱っているかどうかの確認は取れなかった。

○七年は検査地点を七二地点と大幅に増やし、北九州方面から県下の肥料工場の搬送ルートにあたる国道沿いを重点的に調べたが、すべて陰性でGMナタネではなかった。

### 自生・交雑防止の意見書を国へ

条例制定へむけては○二年にJA大分県女性組織協議会と連名で①「学校給食に遺伝子組み換えの米を使用しない」②「遺伝子組み換えイネを承認しない」③「全ての遺伝子組み換え食品について表示の義務化」（②、③は国へ意見書提出）の三項目の請願を大分県議会に提出し採択されている。

○七年三月、県議会へJA大分県女性組織協議会と連名で、「遺伝子組み換えナタネの自生・交雑の防止に関する意見書提出に関する請願」を提出し、全会一致で採択され、左記の意見書が国会へ提出された。

**遺伝子組み換えナタネの自生・交雑の防止に関する意見書**

一　国が実施する遺伝子組み換えナタネの自生・交雑に関した実態調査に、大分県等調査未実施地域について追加調査を行ない、その結果を明らかにすること。

二　輸入時、輸送時、搬入・搬出のこぼれ落ちを防止するよう関係企業を指導すること。

○八年は、五九地点で調査をしたうちの一地点で除草剤耐性GMナタネが確認された。採取地点は○六年度にGMナタネの自生を確認した日出町の同地点だった。自生地点からナタネ搾りかすを原料としている日出町内の肥料工場までの七地点で再調査を行なったが、すべて陰性だった。

沼津入口で自生している西洋ナタネ

大分県議会議長に請願

大分県……対処は困難

六月一六日、大分県（生活環境部・農林水産部）にこの結果を報告し、今後の汚染防止策について相談をした。県の応答は「原因が特定できないので対処も難しい」「〇六年の自生報告を受け、国に調査地点に加えるように要請したが回答はない」「県として調査することにはならない」「今後も調査結果などを届けて欲しい」ということだった。

GMナタネは越冬する

六月二三日、自生GMナタネ調査報告会（グリーンコープ共同体主催）で、再び自生が見つかった件を報告をするとともに、大分県を訪れた際「遺伝子組み換えは拡散しにくいから一カ所だけの発見なのでは」「一昨年の種が残っていて、昨年は発芽せず今年は条件が整い発芽したのではないか」との応答の真偽を天笠啓祐さんにお尋ねした。

天笠さんからは「去年見つからず今年見つかったのは根だけ残り冬を越したからではないか。根が木質化している。キャノーラ種のGMナタネはカナダでは寒すぎて冬を越せないが、日本では越冬できる。年輪があるので何年生きたかわかる」との応答をいただいた。

木質化した根

GMOフリーゾーン学習会&酪農生産者交流会

〇九年九月、大分県教育会館でGMOフリーゾーン学習会&酪農生産者交流会を開催した。講師の天笠さんから「遺伝子組み換え作物」「GMOフリーゾーン」「表示制度」について、わかりやすく説明していただき、「日本は非栽培国なのに、表示制度の甘さのために、世界で一番GM食品が食卓に上がっていると聞きショックでした」「一本のびん牛乳に詰まっているnon—GMOの餌、生産者のご苦労を聞くことができ、買い続けていこうと思いました」などの感想が寄せられた。

### ＧＭＯフリーゾーン登録六三・七三ヘクタール

〇九年一〇月、ＧＭに反対する人が作らない・買わないことを宣言するＧＭＯフリーゾーン登録&宣言を組合員に呼びかけた。この年の三月にグリーンコープ共同体が「我が家の遺伝子組み換えいらない宣言」を呼びかけている。

「我が家では何を買うにも遺伝子組み換えかどうか確認します。家族やこれから大人になっていく子ども、そして、その子どもたちの家族も元気でいてくれるよう遺伝子組み換え作物に反対していきたいと思います」など一一一五人の組合員からいらない宣言が届いた。

ガーデンピック

ＧＭＯフリーゾーン登録には一五七人の組合員が自分の田畑、家庭菜園では遺伝子組み換え作物（ＧＭＯ）は作らないと、フリーゾーン登録（三・一七ヘクタール）をしてくれた。県内の青果生産者の登録分（六〇・五六）と合わせ、生協おおいたのＧＭＯフリーゾーンは約六三・七三ヘクタールとなった。

### ガーデンピックを案内

ＧＭＯフリーゾーン登録をした菜園に立てるガーデンピックを用意した。ガーデンピックは小規模作業所に作成を依頼し、代金五〇〇円のうち五〇円は県内産地に立てるＧＭＯフリーゾーン宣言看板のためのカンパとする。

（文責・奥田富美子）

## ２　グリーンコープかごしま生協

### 自生ＧＭナタネ汚染調査活動

遺伝子組み換え作物はアレルギーなど安全性の問題、他の作物への交雑や生態系の破壊など環境に与える影響の問題、そして多国籍企業による農業の支配などの問題があり、グリーンコープでは二〇〇五年度から全国の市民団体と連帯した監視活動の一つとして自生ＧＭナタネの汚染調査を行なっている。

グリーンコープかごしま生協で行なう調査も六年目となり、これまで二〇〇七年と二〇〇八年に一カ所で、二〇〇九年には二カ所でGMナタネが見つかった。

二〇一〇年度の調査は、これまでの三年間の結果を基に調査地点を絞って行なった。

その結果、二〇〇九年と同じ個所で陽性反応のあったナタネが確認された。そこは家畜の飼料や肥料を作るためのナタネの絞りかすしか輸入されていないはずである。

グリーンコープかごしま生協では、この調査結果を受けて県や市議会に要望や陳情を届け、遺伝子組み換えナタネが自生していた脇の飼料工場に「調査結果と自社における遺伝子組み換えナタネの調査依頼」を行なっている。

二〇〇七年

鹿児島県議会に早急に具体策を講じてほしいという陳情書と鹿児島県農政課に要望書を提出した。

二〇〇八年

GMナタネが確認された志布志市議会に「志布志市内における遺伝子組み換えナタネの自生・交雑の防止に関する陳情」を、鹿児島市議会に「遺伝子組み換え作物栽培の規制を含む〝食の安心安全条例〟の制定を求める陳情」と「遺伝子組み換えナタネの自生・交雑防止についての意見書提出に関する陳情」を提出したが、いずれも不採択となっている。

二〇〇九年

志布志市長と志布志市議会へ「志布志市内における遺伝子組み換えナタネの自生・交雑の防止に関する陳情」を再提出し、議会から委員会へ付託され継続して審議が行なわれていたが、議会解散に伴い審議終了となっている。

グリーンコープかごしま生協は、これからも環境監視活動の一環として、調査活動に取り組み、GMナタネ汚染の拡大を防ぐため引き続き社会に向けてアピールしていきたいと考えている。

## GMOフリーゾーン全国交流集会in綾町

二〇〇九年三月一四日（土）に宮崎県綾町にて、第四回GMOフリーゾーン全国交流集会in綾町が開催された。

今回の集会は、グリーンコープが受け入れ団体となり、南九州地方のグリーンコープかごしま生協とグリーンコープ生協みやざきが主体となり、グリーンコープ共同体と連携し現地綾町と共に進めた。

開催に向けて、現地綾町の役場、JA綾町、グリーンコープの生産者のみなさんとグリーンコープかごしま生協、グリーンコープ生協みやざき、グリーンコープ共同体とで実行委員会を立ち上げ具体的に進めることとなった。

実行委員会は、二〇〇八年一〇月から綾町で開催し、まず

南九州でのＧＭナタネ自生調査活動、行政交渉、報告会の様子

は遺伝子組み換え問題、ＧＭＯフリーゾーン宣言、全国交流集会について学び検討を行なうことからはじめた。

綾町では、一二月に「遺伝子組み換え作物研究会」を開催し、生産者をはじめ、ＪＡや役場の方、町民のみなさんが一八〇名ほど集まり遺伝子組み換えについて学んだ。

グリーンコープでは消費者としてできることを考え、遺伝子組み換え問題を身近に引き寄せ、グリーンコープの商品を通して、組合員自らがＧＭＯフリーゾーン宣言に参加できることを考えた。

一つは、「我が家の遺伝子組み換えいらない宣言スタンプラリー」、もう一つは「お家の庭から遺伝子組み換え作らない宣言！」である。「我が家の遺伝子組み換えいらない宣言スタンプラリー」は、ｎｏｎ―ＧＭＯ商品を五週連続利用した組合員がＧＭＯフリーゾーン宣言をする、「お家の庭から遺伝子組み換え作らない宣言！」は、学習会や地域組合員総会の参加組合員に、家庭菜園やプランターなどから遺伝子組み換えは作らないと宣言をしてもらう取り組みである。

因みに、「我が家の遺伝子組み換えいらない宣言スタンプラリー」では、一万九五〇名の組合員がＧＭＯフリーゾーン宣言を行ない、遺伝子組み換えに反対する組合員の声を集めることができた。

更に、九州地方を中心に各地域にいるグリーンコープの生産者の皆さんにも呼びかけ、ＧＭＯフリーゾーン宣言の取り組みに参加していただいた。

南九州地方の取り組みとしても、天笠さんによる遺伝子組み換え講演会を、五月に宮崎市と都城市で、九月に鹿児島市と鹿屋市で開催し、組合員の関心を高めることができた。この事は、多くのＧＭＯフリーゾーン宣言用紙の提出に象徴されている。また、生産者からも「ＧＭいらないメッセージ」が多数寄せられ、大きな原動力となった。

南九州地方のＧＭＯフリーゾーン宣言の取り組み結果は、フリーゾーンを宣言した生産者の耕地面積が、取り組み前は宮崎県〇ヘクタール、鹿児島県五ヘクタールから、宮崎県・鹿児島県合わせて二〇〇ヘクタール以上もの面積を拡大することができた。

綾町では、昭和六三年に「綾町自然生態系農業の推進に関する条例」を制定し、農業の振興と食の安全運動を一体的に取り組み、また平成一三年には、全国の市町村では初の有機ＪＡＳ登録認定期間の登録を受け、認定を受けた生産者は安全で安心できる野菜を全国に届けている。今回ＧＭＯフリーゾーン全国交流集会の準備を進める中で、「綾町自然生態系農業の推進に関する条例」の中に、遺伝子組み換え作物の栽培を行なわない条項を盛り込むことが出来ないか、綾町のみなさんと相談を進め、議会にて条例の中に「遺伝子組み換え作物の栽培を行なわないこと」を盛り込むことが可決され、条例の改正にもつながっている。

更に、ＧＭＯフリーゾーン宣言の看板も町内に立てられ、町をあげて取り組まれた。

開催するにあたり、不安もあったが、これまでグリーンコープでは、綾町のみなさんと産直交流の関係を築いてきた経緯があったことと、綾町から全国に発信することができることの喜びや全国交流集会を成功させたいという気持ちが成功へ導いたと感じる。交流会には、約五〇〇人が全国から集まり、ＧＭＯフリーゾーンに取り組む消費者と生産者・行政がＧＭＯフリーゾーン運動の広がりを共有した。また、海外からの連帯メッセージは、日本だけでなく世界中で遺伝子組み換えに反対し、運動を行なっている仲間がいることをとても力強く感じた。

準備から開催に至るまでに、私たち消費者と綾町の行政の方、生産者のみなさんと、ＧＭＯフリーゾーン運動の推進という一つの目的に向かって取り組むという貴重な体験を行なうことで、これまでにグリーンコープ運動の中で築いた「顔の見える関係」を更に深めることができたと感じている。

綾町は、照葉樹林、二つの川、田畑などの大自然に囲まれた自然豊かな町である。その綾町で、ＧＭＯフリーゾーン全国交流集会を開催しＧＭＯフリーゾーン運動の広がりをたくさんの人たちと共有したことは、大きな一歩だったと感じる。参加者は、「また綾町を訪れたい」「綾町の取り組みが良く分かった」などの声をたくさん頂いた。

遺伝子組み換え食品は食べたくないという消費者の気持ち、作りたくないという生産者の気持ち、遺伝子組み換えのない地域や町をつくりたいという行政の気持ちが一つになり、ＧＭＯフリーゾーン運動を押し進めることができた。

これからも、私たちの子どもや孫の世代が安心して暮らせるよう、遺伝子組み換え作物・食品のない地域、さらに世界

をめざして、もっとGMOフリーゾーンの輪を広げ、農と食文化を守り食の安全と生態系を守っていけるよう頑張って活動していきたいと考えている。

（文責・川原ひろみ）

## 3　グリーンコープ生協ふくおか「GMナタネ自生調査 取り組み報告」

### はじめに

「安心・安全なものを食べたい」「確かなものを選びたい」遺伝子組み換え作物やそれらを原料とする食品へ不安を感じ、グリーンコープ生協ふくおかでは、九七年から遺伝子組み換え作物反対運動を続けている。が、私たちの願いにもかかわらず、遺伝子組み換え食品は、どんどん出回り、日本は遺伝子組み換え作物の世界一の輸入国となっている。その上、全国各地で輸入されたGM西洋ナタネ種子が運搬中こぼれ落ち飛散し、自生している状況も明らかになった。

そこで〇五年の春から全国の仲間とともに、輸入GMナタネのこぼれ落ちによる自生（GM汚染）の状況の調査活動をすすめてきた。これまでの福岡県内の調査活動で福岡市博多港やその周辺幹線道路で、こぼれ落ちによるGMナタネの自生を確認している。六年間の調査活動とその結果を受けての取り組みについてをまとめ、地域の食べもの・環境や生物の多様性を守るための活動につないでいきたい。そして「遺伝子組み換え食品・作物はいらない！食べない！作らせない！」をこれからも伝えていきたいと思う。

### 1　〇五年度

輸入されたGMナタネ種子が運搬中にこぼれ落ち、各地で自生していると報告を受け、私たちの暮らしている福岡県の実態を知ろうとまずは、輸入GMナタネ自生がおよぼす生態系や環境への影響についてと検査方法の学習会を行なった。調査活動にたくさんの組合員がかかわり、単に調査活動で終わらせるのではなく、暮らしている地域の状況を知って、GM問題を身近にひきよせ「生命を育む食べもの」について多くの人たちとともに考えることを目的に取り組んだ。

(1)調査ポイント

輸入ナタネ水揚港周辺、ナタネ製油工場周辺の博多区箱崎埠頭から、輸送経路の国道三号線を通り、甘木市の製油工場までの一三カ所。その他、支部委員会で、幹線道路の中央分離帯・河川敷・空き地・公園など、地域委員会五カ所程度を調査した。

(2)調査結果

福岡県内三九四カ所で調査。そのうち、遠賀郡岡垣町、古賀市青柳、福岡市博多区箱崎埠頭、早良区西新、城南区樋井

GM ナタネ調査個所数と検査結果（2005 年度）

| 支部名 | 調査個所 | 1 次陽性 | 2 次陽性 | 住所 | 場所 |
|---|---|---|---|---|---|
| 小倉北 | 25 | 3 | 0 | | |
| 小倉南 | 15 | 0 | 0 | | |
| 京築 | 15 | 0 | 0 | | |
| 八幡西 | 25 | 2 | 0 | | |
| 折尾若松 | 25 | 0 | 0 | | |
| 中遠 | 30 | 4 | 1 | 遠賀郡岡垣町大字高倉 | 空き地 |
| 筑豊 | 40 | 5 | 0 | | |
| 宗像 | 30 | 12 | 1 | 福岡県古賀市市川原 | 空き地 |
| 福岡東 | 26 | 2 | 0 | | |
| 福岡南 | 19 | 1 | 0 | | |
| 福岡中央 | 22 | 4 | 1 | 福岡市城南区涌井川 1 丁目 | 川沿い |
| 福岡西 | 40 | 3 | 1 | 福岡市西新 | 操車場横 |
| 筑紫 | 25 | 7 | 0 | | |
| 久留米 | 20 | 3 | 0 | | |
| 築後 | 13 | 3 | 0 | | |
| 大牟田 | 9 | 2 | 0 | | |
| 食べもの・組織委員会 | 13 | 2 | 1 | 福岡市東区箱崎埠頭 | 道路 |
| 旧ちくご利推委員会 | 2 | 0 | 0 | | |
| 合計 | 394 | 53 | 5 | | |

川の五カ所で陽性を確認した。

(3) 所感

博多区箱崎埠頭は西洋ナタネの輸入港であり、そのナタネを搾油する製油工場がある。その近辺で自生しているナタネが陽性だった。輸入ナタネが工場へ搬入、搬出時にこぼれ落ちて自生したものと思われ、日本国内での輸入GMナタネの自生問題が福岡で現実に起こっている事態に驚いた。他の四カ所は、農地や住宅地・河川敷で自生GMナタネがかなり広範囲に及んでいると思われ、深刻さを実感する結果となった。

(4) 結果を受けて

①組合員へ機関紙GREENWAVE「調査報告集」で紙面報告。②秋の組合員のつどいで報告。③行政、製油メーカーに対して自生・交雑防止を求める「要望」「請願」活動の取り組みを行なった。

この年、ふくおかではGM問題を大きなテーマとして、八月「秋のがんばろう集会」にて調査活動報告会を行なった。調査に参加した組合員からは「春は菜の花が咲いてはいるが、今まで気をつけて見ていないので調査ポイント決めがむつかしかった」と頭を悩ませた話から、子どもたちもいっしょにお花見感覚で楽しみながら調査活動をすすめた様子などが報告された。そして検査で「どうかGMナタネが見つからないように」と願いながら行ない、「陰性」反応にみんなでホッと

2005年度の行政・議会・メーカーへの取り組み結果

| 行政・メーカー | 要望書 | 回答 | 国会への意見書提出 | 結果 | 備考 |
|---|---|---|---|---|---|
| 福岡県 | ● | ○ | 紹介議員による一般質問 | 取り組み計画せず | 紹介議員 |
| 福岡市 | ● | ○ | 議員提案 | 採択 | 代理人 |
| 那河川町 | | | 団体請願 | 不採択 | 代理人 |
| 古賀市 | ● | ○ | 団体請願＋議員提案 | 採択 | 代理人 |
| 福津市 | ● | ○ | 議員提案 | 採択 | 代理人 |
| 宗像市 | ● | ○ | 議員提案 | 採択 | 代理人 |
| 岡垣町 | ● | ○ | 陳情 | 採択 | 団体陳情 |
| 北九州市 | | | 団体請願 | 継続審議 | 紹介議員 |
| メーカー | ● | ○ | | | 回答書持参 |

一安心したこと。「陽性」反応を確認したところは、身近にGM汚染が広がっていることに不安をもち、「少しでもGM汚染を防ぎたい」と決意を新たにした思いを参加者みなで共有し、調査活動継続の必要性を確認した。

(5)行政・製油メーカーへの要請行動の取り組み

組合員と地域政党のふくおか市民政治ネットワークとともに、福岡県に対し港での水揚げ時の飛散防止対策、原料搬送中のこぼれ落ち防止措置、製造施設周辺の清掃、除去の徹底の指導、GM栽培禁止条例の制定について要望書を提出した。また、「勉強会」として調査活動報告や消費者としての思いを伝えた。遺伝子組み換えとは何か、人への影響、生態系や環境への影響はどうなのかを共通にすることはなかなか困難だった。GMナタネの自生については理解されたが「国の調査結果の推移を見守る」という見解で緊急対策の必要性までの認識にはいたらなかった。箱崎埠頭の製油メーカーとは要望書提出と意見交換の場を持った。工場施設見学も行ない、飛散防止対策や工場周辺清掃対策の現状について知ることができた。メーカーより「こぼれ落ちに対し最善の努力を行なっている。徹底して除草することで防止する」と応答いただいた。

GM調査活動の初年度として、福岡県内にGMナタネが自生している事実を受けとめ、この問題に組合員みんなで取り

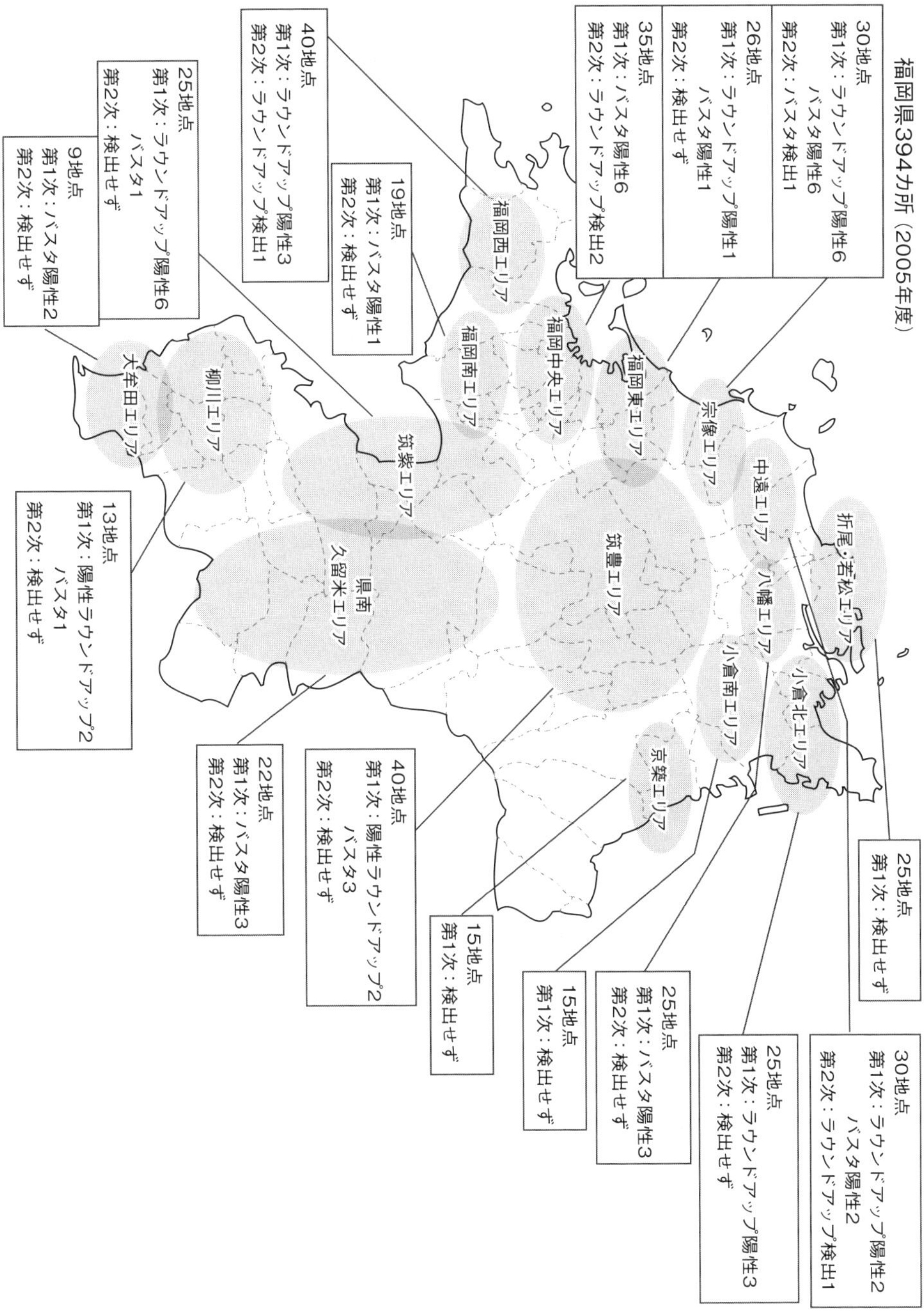
福岡県394カ所（2005年度）
30地点
第1次：ラウンドアップ陽性6
バスタ陽性6
第2次：バスタ検出1
26地点
第1次：ラウンドアップ陽性1
バスタ陽性1
第2次：検出せず
35地点
第1次：バスタ陽性6
第2次：ラウンドアップ検出2
40地点
第1次：ラウンドアップ陽性3
第2次：ラウンドアップ検出1
19地点
第1次：バスタ陽性1
第2次：検出せず
25地点
第1次：ラウンドアップ陽性6
バスタ1
第2次：検出せず
9地点
第1次：バスタ陽性2
第2次：検出せず
福岡西エリア
福岡南エリア
福岡中央エリア
福岡東エリア
宗像エリア
中遠エリア
折尾・若松エリア
八幡エリア
小倉北エリア
小倉南エリア
京築エリア
筑豊エリア
筑紫エリア
県南
久留米エリア
柳川エリア
大牟田エリア
13地点
第1次：陽性ラウンドアップ2
バスタ1
第2次：検出せず
22地点
第1次：バスタ陽性3
第2次：検出せず
40地点
第1次：陽性ラウンドアップ2
バスタ3
第2次：検出せず
15地点
第1次：検出せず
15地点
第1次：検出せず
25地点
第1次：バスタ陽性3
第2次：検出せず
25地点
第1次：ラウンドアップ陽性3
第2次：検出せず
30地点
第1次：ラウンドアップ陽性2
バスタ陽性2
第2次：ラウンドアップ検出1
25地点
第1次：検出せず

組み、多くの人に伝えることができた。

## 2　〇六年度

昨年に引きつづき、たくさんの組合員が調査活動にかかわり、調査地点をさらに広げて取り組んだ。

(1)調査ポイント

GMナタネが水揚げされている箱崎埠頭だけでなく、博多区・中央区にまたがる博多湾西エリアまで広げた。また、輸送経路でのこぼれ落ちを意識して、トラックなどの交通量の多い主要幹線を中心に調査した。

(2)調査結果

五〇四カ所調査の内、二一カ所で採取したナタネから陽性を確認した。前年、陽性が検出された五カ所のうち、博多湾を除く四カ所は陰性だったが、新たに北九州市（一地点）、筑前町（一地点）で採取したナタネから陽性が検出された。特に、博多港周辺は一九カ所調査し、一八カ所から陽性が検出された。

(3)所感

ナタネの水揚港である博多港周辺では輸送経路のこぼれ落ちだけでなく、風や鳥、虫を媒体とした汚染が博多湾一帯に拡がり、深刻さを増していると推測される。

(4)調査のまとめ

GMナタネ調査個所数と検査結果（2006年度）

| 支部名 | 調査個所 | 1次陽性 | 2次陽性 | 住所 |
|---|---|---|---|---|
| 小倉北 | 31 | 1 | 1 | 北九州市門司区西海岸3丁目3番 |
| 小倉南 | 17 | | | |
| 京築 | 15 | | | |
| 八幡西 | 29 | | | |
| 折尾若松 | 28 | | | |
| 中遠 | 40 | 1 | | |
| 筑豊 | 40 | | | |
| 宗像 | 40 | | | |
| 福岡東 | 29 | 1 | 1 | 福岡市博多区奈良屋町1-38 |
| 福岡南 | 19 | 1 | | |
| 福岡中央 | 25 | 1 | | |
| 福岡西 | 41 | | | |
| 筑紫 | 29 | 1 | 1 | 朝倉郡筑前町松延　国道386号線沿い |
| 久留米 | 38 | | | |
| 築後 | 25 | | | |
| 大牟田 | 18 | | | |
| 食べもの・組織委員会 | 20 | 12 | 11 | 福岡市東区箱崎埠頭 |
| 組織委員会第2回目 | 20 | 7 | 7 | 福岡市東区東浜、博多区千代・沖浜町、中央区那の津 |
| 合計 | 504 | 25 | 21 | |

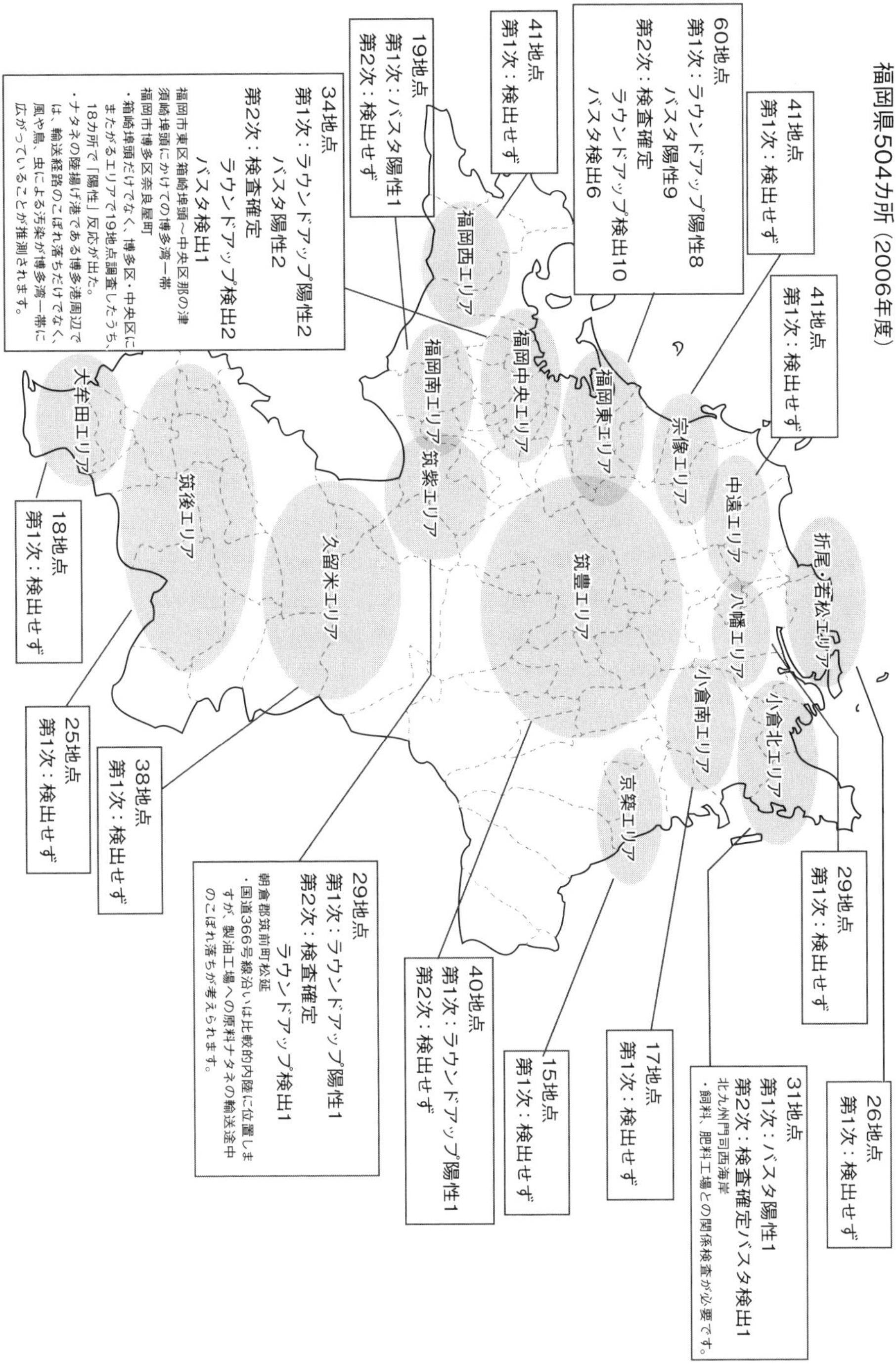
福岡県504カ所（2006年度）
41地点
第1次：検出せず
60地点
第1次：ラウンドアップ陽性8
バスタ陽性9
第2次：検査確定
ラウンドアップ検出10
バスタ検出6
41地点
第1次：検出せず
19地点
第1次：バスタ陽性1
第2次：検出せず
34地点
第1次：ラウンドアップ陽性2
バスタ陽性2
第2次：検査確定
ラウンドアップ検出2
バスタ検出1
福岡市東区箱崎埠頭～中央区那の津
須崎埠頭にかけての博多湾一帯
福岡市博多区奈良屋町
・箱崎埠頭だけでなく、博多区・中央区にまたがるエリアで19地点調査したうち、18カ所で「陽性」反応が出た。
・ナタネの陸揚げ港である博多港周辺では、輸送経路のこぼれ落ちだけでなく、風や鳥、虫による汚染が博多湾一帯に広がっていることが推測されます。
41地点
第1次：検出せず
福岡西エリア
福岡中央エリア
福岡南エリア
福岡東エリア
宗像エリア
中遠エリア
折尾・若松エリア
八幡エリア
小倉南エリア
小倉北エリア
京築エリア
筑豊エリア
筑紫エリア
久留米エリア
筑後エリア
大牟田エリア
18地点
第1次：検出せず
25地点
第1次：検出せず
38地点
第1次：検出せず
29地点
第1次：ラウンドアップ陽性1
第2次：検査確定
ラウンドアップ検出1
朝倉郡筑前町松延
・国道366号線沿いは比較的内陸に位置しますが、製油工場への原料ナタネの輸送途中のこぼれ落ちが考えられます。
40地点
第1次：ラウンドアップ陽性1
第2次：検出せず
15地点
第1次：検出せず
17地点
第1次：検出せず
31地点
第1次：バスタ陽性1
第2次：検査確定バスタ検出1
北九州門司西海岸
・飼料、肥料工場との関係検査が必要です。
29地点
第1次：検出せず
26地点
第1次：検出せず

①北九州市門司区については、飼料、肥料工場との関係調査が必要。また、若松区の製油工場周辺でナタネが見つからず採取できていないため、次年度への残し課題とする。②福岡県の内陸に位置する筑前町の国道三八六号線沿いは、製油工場への原料ナタネ輸送途中のこぼれ落ちが考えられる、メーカーへ問い合わせ、輸送ルートを聞きとる。結果、輸送ルートが「国道」と「九州自動車道」の二つ判明した。

(5)結果をうけて

①組合員へ機関紙GREENWAVE「調査報告集」で紙面報告。②「秋の組合員のつどい」で調査報告とグリーンコープのnon—GMO商品の紹介を特集。③行政・製油メーカーに対しての「要望」「請願」活動の取り組みを行なった。

(6)行政・製油メーカーへの要請行動の取り組み

行政とは、地域の食の安心・安全、環境を守る視点で基本「コミュニケーションをとる」ことを中心に進めた。

福岡県へは、GMナタネの自生が、博多港一帯を中心とした県内の拡散状態が鮮明となったことを報告した。要望については、GMナタネの拡散防止に対する指導、監視に加えて「福岡県の食の安全対策基本方針」へGM交雑・混入防止に関する事項を追加した。また、自生GMナタネの陽性が検出された博多区と筑前町の製油メーカーについては、訪問して要望書を届けた。私たち市民としてできることをしていきたいことを伝えた。

(7)その他の取り組み

この年は、GM問題をもっと身近にひきよせるために、グリーンコープふくおかの食べもの委員会で市販の「国産大豆使用」「有機大豆使用」と任意表示している豆腐二四個、納豆一六個の表示の実態を調査し、GM大豆の混入についての分析を行なった。この取り組み結果で、日本の食品表示の現状では「遺伝子組み換え」を避けたい消費者にとって商品を選ぶものさしになっておらず、知らないままに多くの食品に「遺伝子組み換え」が含まれていると不安感を持つこととなった。秋の組合員のつどいですべての食品のGM情報の表示の必要性を伝え、社会的にもGM問題について訴えた。

## 3　〇七年度

三年目のGMナタネ調査活動をむかえ、これまでの結果と昨年のまとめから調査個所を絞りこんだ。

(1)調査ポイント

「博多湾周辺」「北九州市若松~門司港をつなぐ幹線道」「朝倉市国道三八六号沿線」を重点地域として調査ポイントを選定した。

(2)調査結果

四〇二カ所調査、二三カ所で陽性を確認した。すべて博多

2006 年度の行政・議会への取り組み結果

| | |
|---|---|
| 福岡県 | 10 月 24 日要望書提出（勉強会）→ 12 月 4 日回答書<br>一般質問 12 月 12 日（新村県議会議員） |
| 福岡市 | 9 月 19 日要望書提出→ 10 月 30 日回答書 |
| 北九州市 | 10 月 17 日要望書提出→ 12 月 1 日回答書<br>11 月 24 日団体請願提出 |
| 筑前市 | 10 月 23 日要望書提出→ 12 月 12 日回答書 |
| 福津市 | 11 月 20 日要望書提出→ 1 月 31 日回答書 |
| 那珂川町 | 11 月 24 日要望書・団体請願提出<br>→団体請願は 12 月 25 日不採択　要望書の回答は未 |
| 新宮町 | 11 月 27 日要望書提出 |
| 宗像市 | 11 月 28 日要望書提出 |
| 岡垣町 | 1 月 12 日要望書提出 |
| 古賀市 | 1 月 31 日要望書提出 |

九州農政局とも懇談予定

GMナタネ検出場所（2007 年度）

| NO | 住所 | 判定結果 | |
|---|---|---|---|
| | | ラウンドアップ | パスタ |
| 1 | 福岡市博多区千代 6 丁目 | ● | × |
| 2 | 糟屋群粕屋町戸原と江辻の境（東大川端の上） | ● | × |
| 3 | 福岡市東区香椎浜みなと公園交差点そば分離帯 | ● | × |
| 4 | 福岡市東区箱崎埠頭 6 丁目道路沿い | ● | × |
| 5 | 福岡市東区箱崎埠頭 6 丁目製粉工場付近 | ● | × |
| 6 | 福岡市東区箱崎埠頭 6 丁目製粉工場正門前 | × | ● |
| 7 | 福岡市東区箱崎埠頭立体車両野積場横 | × | ● |
| 8 | 福岡市東区箱崎埠頭 6 丁目製油工場向かい路上 | × | ● |
| 9 | 福岡市東区箱崎埠頭 6 丁目製粉工場裏門近く | × | ● |
| 10 | 福岡市東区箱崎埠頭 6 丁目工場前 | ● | × |
| 11 | 福岡市東区箱崎埠頭 6 丁目倉庫前 | ● | × |
| 12 | 福岡市東区箱崎埠頭 4 丁目企業前 | × | × |
| 13 | 福岡市東区箱崎埠頭 5 丁目四つ角 | ● | × |
| 14 | 福岡市東区東浜 1 丁目都市高速道路出入口近く脇道 | × | ● |
| 15 | 福岡市東区東浜 1 丁目都市高速道路出入口近く分布帯 | × | ● |
| 16 | 福岡市東区東浜 2 丁目食肉市場左 | ● | × |
| 17 | 福岡市東区東浜 2 丁目東浜 4 号倉庫向かい側 | × | ● |
| 18 | 福岡市博多区千代中央分離帯 | ● | × |
| 19 | 福岡市東区香椎浜みなと公園交差点付近 | ● | × |
| 20 | 福岡市中央区那の津 5 丁目企業前 | ● | × |
| 21 | 福岡市中央区那の津 5 丁目企業前 | ● | × |
| 22 | 福岡市中央区那の津 5 丁目倉庫前道路沿い | ● | × |
| 23 | 福岡市中央区那の津 5 丁目企業前 | × | × |
| | | 14 | 9 |

港周辺地域で採取したナタネで、他地域では陽性検出はなかった。

(3)所感

調査個所を絞りこんだ結果、博多湾一帯の汚染実態が私たちの想像以上に深刻と認識した。

(4)結果をうけて

組合員へは機関紙で報告。三年目の集大成として、メーカー、自治体、国へ働きかけを行ない、遺伝子組み換えの食べものがない社会にしていくための活動を進めた。

(5)行政・製油メーカーへの要請行動の取り組み

福岡県へは三年間継続した調査結果を伝え、もう一段踏み込んだ「要望」を出した。そして、県の「食の安全懇談会」へ参加要請した。

福岡市のこの二年間の回答は「県・国の方針、指導に従う」と同じ回答で一歩も進んでいない。なんとか打開したいとの思いを込めて「博多港からGMナタネを外に出さない、封じ込める」ことを市民とともに考えたいと意見交換した。

メーカーへ要望書を送付。その他、GM問題を含め、暮らしている県の食の安心・安全を考えることを目的に、組合員へふくおか市民政治ネットワークの「食の安心安全条例制定」にむけた署名活動の協力を呼びかけた。

## 4 〇八年度

これまで三年間の調査で「博多港周辺」のGMナタネが自生し、汚染状況が深刻であると確信した。そのことから、調査活動、行政・メーカーへ交雑防止対策を求める取り組みの継続を基本に生産者・メーカー、消費者との横のつながりをつくることを目指した。

(1)調査について

過去陽性反応が出た地域と博多港中心に絞り込み、七五カ所を調査。博多港周辺一八カ所で陽性を確認。北九州市若松でも一カ所陽性を確認した。博多港から広い範囲で拡散しているのではと懸念された。

(2)行政への要請行動の取組み

この年は前年福岡県へ要請していた「食の安全懇話会」へ参加した。福岡県のGMナタネの自生実態の深刻さとGM問題について報告することができた。

(3)その他の取り組み

みんなが参加できるGM反対運動である「我が家の遺伝子組み換えいらないスタンプラリー」や「家庭菜園でGMOはつくらない！宣言」に、組合員やグリーンコープの取り引き先の生産者・メーカーに参加を呼びかけた。多くの人たちとGM問題を考える機会とし、自分たちの暮らしている地域の食の安心安全、環境を守る運動へ広げていこうと次年度の活

ＧＭナタネ検出場所（2008 年度）

| NO | 住所 | 判定結果 | |
|---|---|---|---|
| | | ラウンドアップ | パスタ |
| 1 | 北九州市若松区北浜 1 丁目 8 番地 | ● | × |
| 2 | 福岡市東区箱崎埠頭 6-8-49 | ● | × |
| 3 | 福岡市東区箱崎埠頭 5 | ● | × |
| 4 | 福岡市東区箱崎埠頭 6 | ● | × |
| 5 | 福岡市東区箱崎埠頭 6 | ● | × |
| 6 | 福岡市東区箱崎埠頭 4 | ● | × |
| 7 | 福岡市東区箱崎埠頭 6 | ● | × |
| 8 | 福岡市東区箱崎埠頭 | ● | × |
| 9 | 福岡市東区箱崎埠頭 | ● | × |
| 10 | 福岡市東区箱崎埠頭 | × | ● |
| 11 | 福岡市東区箱崎埠頭 | × | ● |
| 12 | 福岡市東区箱崎埠頭 6-2-8 | × | ● |
| 13 | 福岡市東区箱崎埠頭 1-9 | × | ● |
| 14 | 福岡市東区箱崎埠頭 6-9-26 | ● | × |
| 15 | 福岡市博多区食肉市場入口 | ● | × |
| 16 | 福岡市東区香椎パークポート | ● | × |
| 17 | 福岡市東区松島 5 丁目 | ● | × |
| 18 | 福岡市中央区那の津 5 丁目 9 番 | ● | × |
| 19 | 福岡市中央区那の津 4 丁目 2 番 | ● | × |
| | | 15 | 4 |

動へつなげた。

## 5　〇九年度

　これまで五年間の自生ＧＭナタネ調査活動を振り返った。当初はＧＭナタネが福岡県内に自生している事実を知って、自分たちの地域がどんな状況なのか知る調査活動として進めてきた。そこから、博多港周辺でＧＭナタネ自生が確信となり、この地域からＧＭナタネを拡散させないために、行政・製油メーカーへ対策の要望を継続して取り組んだ。しかし、調査活動や要望書を届けるだけでは、博多港周辺のＧＭ自生状況は変わらないと気付き、自分たちの手でこれ以上広がらないようくい止める活動「ＧＭナタネ抜き取り隊」の立ち上げ準備を進めた。

⑴調査について

　前年と同様に、博多港周辺に集中して七七カ所を調査。二九カ所で陽性を確認。北九州市若松区でも一カ所陽性を確認している。あいかわらずこぼれ落ちによるＧＭナタネの自生化がじわりと広がっている様子だ。

⑵「ＧＭナタネ抜き取り隊」

　八月二九日立ち上げ準備会を組合員、ワーカーズ、職員、福岡市農協、地域の市民団体、ふくおか市民政治ネットワークなど全体一一六人の参加で開催した。河田昌東さんより四日市のGMナタネ抜き取り隊活動を中心にGM問題の現状を含めた講演をいただいた。その後、参加者全員で箱崎埠頭へ出かけ、河田さんからナタネの見分け方の指導をうけた。短時間でも、すぐにナタネを見分けられる「ナタネ目」になり、二葉状態でもナタネの芽と判別できるようになった。

一〇月一四日「GMナタネ抜き取り隊」立ち上げ集会を一八〇名参加で開催した。「生物多様性」について天笠啓祐さん、「GMナタネ自生の危険性」について河田さんより記念講演をいただき、「GMナタネ抜き取り隊」の取り組み意義・目的を参加者全員で深めることができた。

第一回GMナタネ抜き取り隊を一一月二一日実施した。組合員、職員、ワーカーズ、グリーンコープの取り引き先の生産者、食品メーカー、ふくおか市民政治ネットワークなど八九名が箱崎埠頭に集まった。四コースに分かれて抜き取り、その後検査を行なった。秋だというのに花の咲いたナタネや発芽したばかりのナタネもたくさんある現状に驚き、汚染の深刻さを実感した。また、ある運搬会社のトラック出入り口にナタネ種子がたくさんこぼれ落ちているのを発見した。清掃の徹底や運送経路について再調査が必要ではと新たな課題をもつことになった。この日一四〇〇本抜き取り、三九検体に分けて検査した結果、三四検体が陽性だった。こぼれ落ちていた種子も陽性だった。参加者と「ここから遺伝子組み換えナタネの拡散を止めよう」と再度力強く決意した。

### 6　一〇年度

今年の調査活動はこれまで陽性反応が出ている個所の他、飼料会社や小鳥のえさを取り扱う小規模業者などの周辺も視点に入れ、調査ポイントを選定した。博多港周辺は第二回「GMナタネ抜き取り隊」で取り組んだ。

(1)調査について

抜き取り隊では、一八四四本抜き取り、四九検体に分けて検査した結果、三七検体が陽性だった。その他四〇カ所を調査し九カ所陽性を確認した。いずれも博多港周辺一帯である。

(2)所感

昨年秋、ナタネ種子がこぼれ落ちていた所は、拾ってきたのにもかかわらず、びっしりナタネが発芽していた。中央分離帯にも多く見られ、飛散し広がっていると思われる。

今後の行政・メーカーへの要請については実効性のある新たな方針を立てて取り組んでいきたいと思う。

六年間の自生GMナタネ調査活動は、調査して地域の現状を知ったことから、自分たちの地域の問題と引き寄せることができた。そして、「遺伝子組み換え食品・作物はいらない！食べない！作らせない！」の思いを多くの組合員へ伝え、組

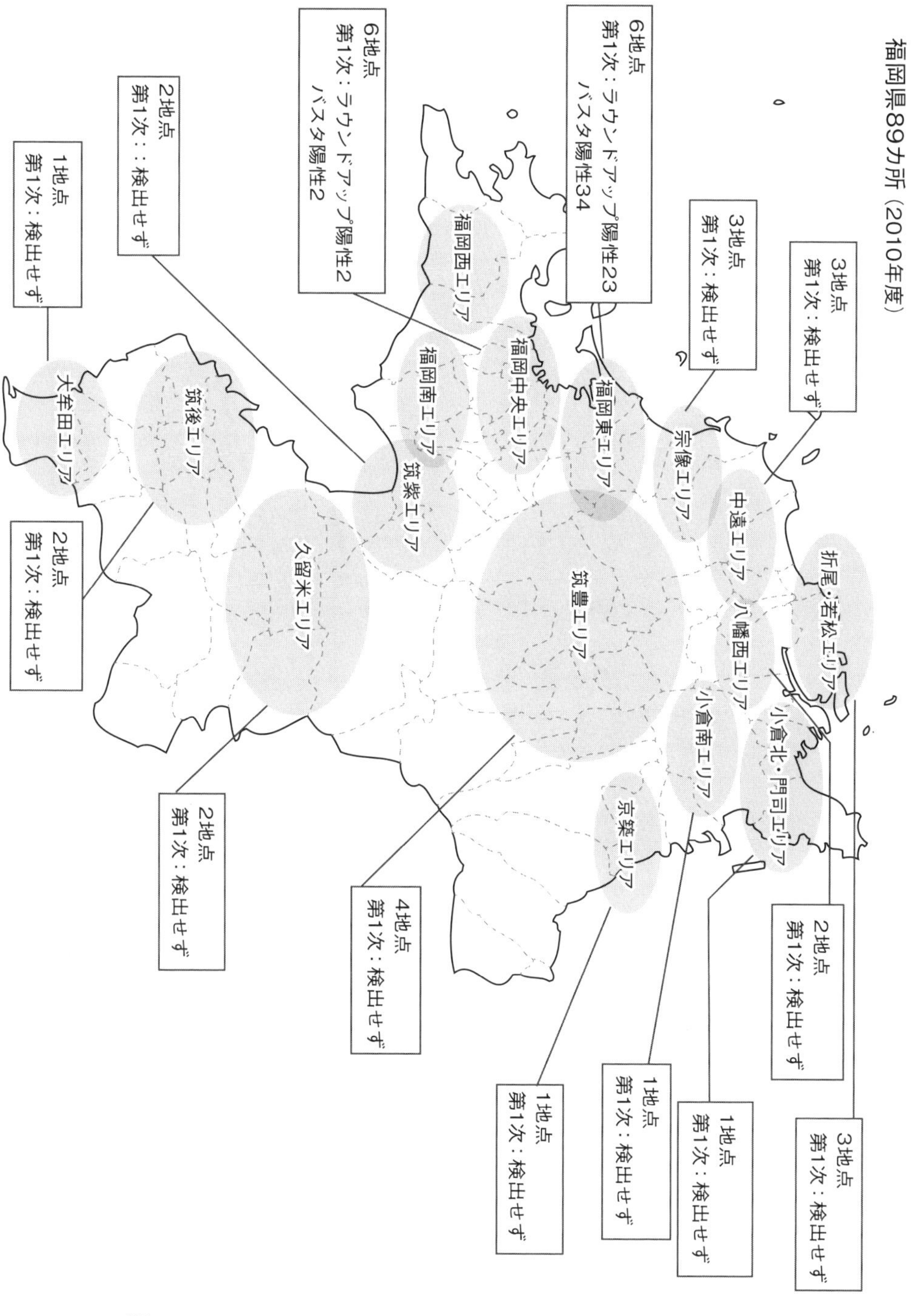
福岡県89カ所（2010年度）
3地点
第1次：検出せず
3地点
第1次：検出せず
6地点
第1次：ラウンドアップ陽性23
バスタ陽性34
6地点
第1次：ラウンドアップ陽性2
バスタ陽性2
2地点
第1次：：検出せず
1地点
第1次：検出せず
2地点
第1次：検出せず
2地点
第1次：検出せず
4地点
第1次：検出せず
1地点
第1次：検出せず
1地点
第1次：検出せず
1地点
第1次：検出せず
2地点
第1次：検出せず
3地点
第1次：検出せず
福岡西エリア
福岡中央エリア
福岡南エリア
福岡東エリア
宗像エリア
中遠エリア
折尾・若松エリア
八幡西エリア
小倉北・門司エリア
小倉南エリア
京築エリア
筑豊エリア
筑紫エリア
久留米エリア
筑後エリア
大牟田エリア

抜き取り隊の取り組み(A～Dの4つの隊に分かれて行なった)

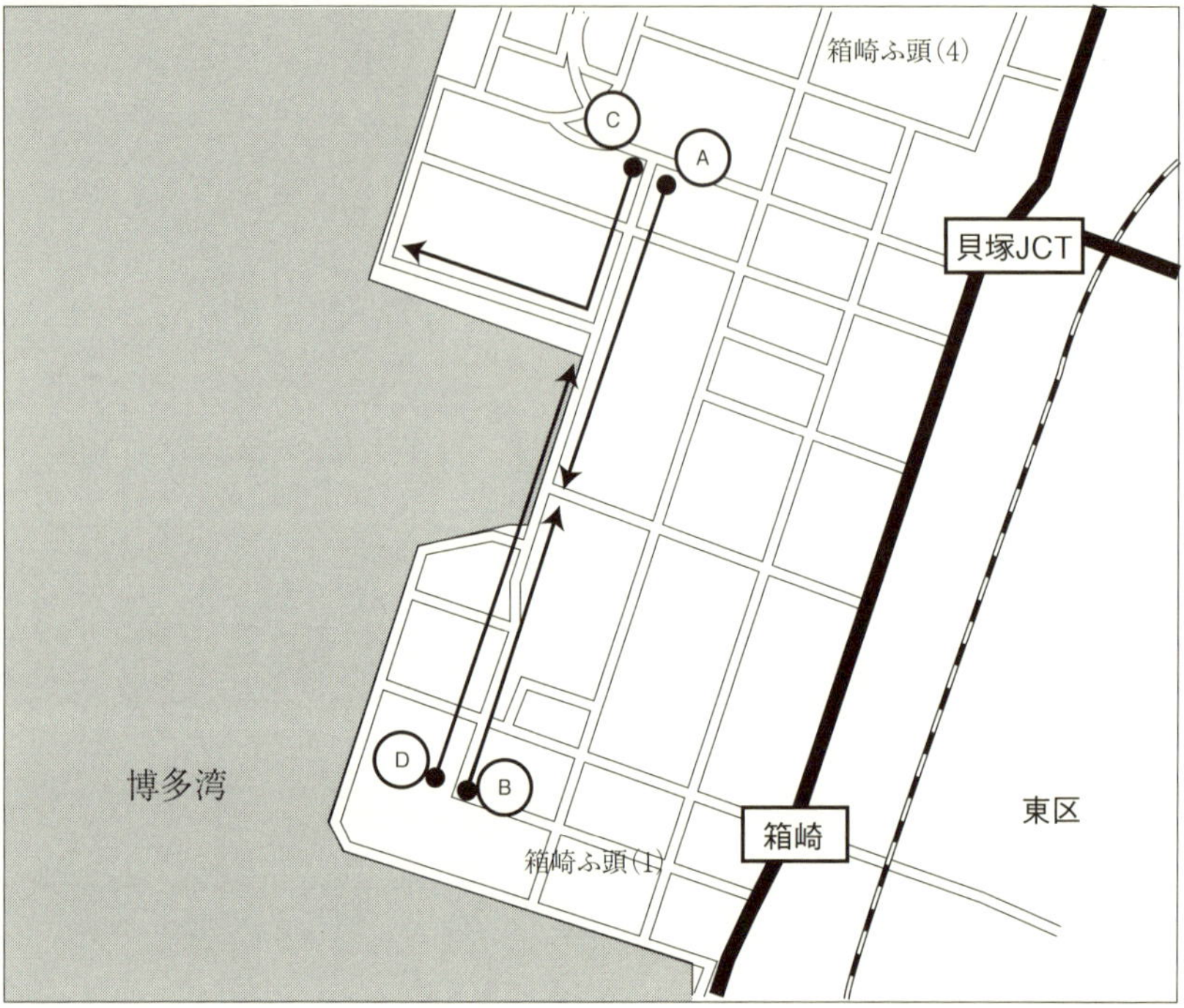


合員から地域へも広げることができた。これからも地域の食べもの、環境や生物の多様性を守るために活動をつないでいきたい。

(文責・田原幸子)

■第3章

# 市民による調査活動六年の記録

■生活クラブ生協

「市民による監視活動、モニタリングが地球を救う」この言葉に、ＧＭ（遺伝子組み換え）ナタネ自生調査活動の意義があるのだと思う。

カナダから、毎年約二〇〇万トンのナタネが輸入されているが、その大半がＧＭである。輸入港と搾油工場までの輸送ルート近辺に概ね集中して、ＧＭナタネの自生が確認されている中で、そうでない地域の組合員も含めて、この活動に参加する意味を、日本の自然を見つめる「市民の目」として再確認するために、この六年間の生活クラブの組合員の活動の記録を報告する。

## 1　二〇〇五年度

生活クラブの組合員にとって初めての調査は、静岡県、長野県、神奈川県、東京都、埼玉県、千葉県、茨城県、栃木県、群馬県、そして、岩手県の一都九県で行なった。採取した検体は六一〇。各地域で、おおぜいの組合員やその家族、また、提携生産者の「元気クラブ」（千葉県）などの参加もあり、道端や野に咲く菜の花を、「ＧＭかな？」と疑いの目を持ちながら採取し、これまた、ドキドキしながら簡易試験紙による一次検査を実施した。

陽性反応と思われたものは、五六検体。一次で反応が出なかったものも、ＰＣＲ法による遺伝子解析の二次検査に出した会員単協があったので、それを加えて六一検体を二次検査に出した。その結果、長野単協の五検体（ラウンドアップ耐性）と千葉市の二検体（バスタ耐性）が陽性であった。

千葉市のものは、ＧＭナタネの輸入港であるので、あらかじめ予想されてはいたし、他の市民団体「ストップ遺伝子組み換え汚染種子ネット」（以下、「種子ネット」と略）や独立行政法人「国立環境研究所」の知見どおりであった。しかし、内陸部の長野県の陽性の結果（長野市二・茅野市・岡谷市・下諏訪町）には、衝撃が走った。長野市の二検体は、犀川と徳間川の河川敷、茅野市は中央道の側溝、岡谷市が国道二〇号線沿いで、岡谷市で見つかったものは、国土交通省が蒔いたものであった。内陸県まで汚染が進んでいるのか。自生の広がりや、近縁種との交雑の危険性をどうしたら防ぐことができるのか。自分たちの調査で、現実の汚染の実態を把握したことは、とても価値があったけれど、また、その事実になすすべを持たない私たち組合員。相手は、あの小さなナタネの粒約二〇〇万トン。

この年の八月に、「遺伝子組み換え食品を考える中部の会」の河田昌東さんが、長野県の地点を再調査したが、その際には、どこも確認できなかった。長野単協の継続的な課題である。ひるんでばかりはいられない。私たちのこの監視活動を継続し、行政・搾油工場などの関連団体が適切な対策を取るよう働きかけていくことを活動のひとつに加えた。

## 2　二〇〇六年度

新たに、北海道・青森・福島・山梨単協が調査活動に参加し、地域も検体数もそして、何より参加組合員数も増えた。合計一〇七一検体で、一次検査では、九検体、二次検査では陽性が六検体（千葉市内五検体、茨城県鹿島港が一検体）であった。

特に、千葉市内の一検体は、ラウンドアップ・バスタ両方の耐性遺伝子を持つ交雑株で、そのような種子は開発されていないことから、こぼれ落ちたＧＭナタネが、カナダまたは日本国内で自然に交雑したと考えられ、遺伝子汚染が進んでいることが、市民の調査で裏づけられた。同様の交雑株は、環境省が四日市港と福岡県でも発見したとのことである。自生の広がりや、近縁種交雑の危険性を警戒しなければならない。

長野県内では、前年に発見された場所を重点的に調査したが、この年は発見されなかった。前年、見つかってから再調査を実施したり、行政への働きかけを行ない、そのことが功を奏したのではないかと考えられる。

## 3　二〇〇七年度

ＧＭナタネの輸入港である名古屋港を持つ愛知単協が参加し、一道一都一二県になった。三年目ということで、調査の場所を発見しやすいと考えられる地点に絞り込んだこともあり、前年より検体数は減少した。一次・二次検査とも陽性が九検体で、千葉市五、静岡県清水港近辺四の状況である。特に清水港では、前年の調査で、組合員が行なった時点では見つからなかったが、「農民運動全国連合会（以下、「農民連」と略）食品分析センター」の調査では発見されたので、静岡単協としてもこの事態を憂慮し、重点監視地区として、この年は農民連との共同調査を行なった。清水港は、ＧＭナタネの輸入港であり、港内に搾油工場があるのだが、荷揚げの際こぼれ落ちたり、廃棄する時に風に吹かれて、港近辺の道路や側溝などで自生している。農民連の八田純人さんは、咲いていそうな地点を探すのが大変上手で、組合員が見逃しやすい建物の陰や側溝など、探すポイントを教えてもらった。定期的な調査と継続的な管理の徹底が必要である。

清水港で集めたナタネを検査する

## 4　二〇〇八年度

新たに生活クラブの仲間になった京都、大阪を含む一道一都二府一一県の六三四地点で調査を実施した。八検体がラウンドアップ耐性、五検体がバスタ耐性で、鹿島港・千葉港・清水港・名古屋港周辺と、いずれもＧＭナタネの輸入港周辺や搾油工場への輸送ルートであり、重点的に的を絞った調査活動と合致した結果だといえる。特に、鹿島港近辺で採取したものは両方の耐性を持った交雑株で、輸入港周辺ではGMナタネの自生と交雑は常態的にあるという実態が浮かび上がった。

特筆される活動として二点挙げたい。ひとつは、神奈川単協の活動に、地元の高校生が参加したことである。二〇〇七年の暮れに、生活クラブ連合会のホームページに、『遺伝子組み換え技術が環境に与える影響』をテーマに小論文を書きたいので意見を聞きたい」との問い合わせがあった。このことを、「生活クラブGM食品問題協議会」で伝えたところ、神奈川単協が「調査に参加を呼びかけたい」と申し出てくれて、実現に至った。小論文は無事完成し、学年内の論文発表会でトップ賞をとったとのことである。調査に参加した高校生の新鮮な感想として、「GMナタネがなかったことに安心したこと。西洋ナタネが繁殖していることに将来への不安を持ち、NON—GM食品を利用し、主体的な消費者として、この問題を見守り続けたい」とのことである。

もう一つは、二〇〇八年度も、農民連との共同調査を横浜港と清水港で実施したことである。横浜港では見つからなかったが、清水港では搾油工場周辺で三検体見つかった。二〇〇七年の秋にも調査の計画を立てていたが、その時は、マスコミの報道の影響もあり、きれいに刈り取られており、実施できなかった経緯がある。マスコミの関心や行政、関係諸団体との密接で粘り強い対策への要請が必要である。

日本の各輸入港や搾油工場までのルートで、どのような自生があり、生態系への影響がどのように起きているのかを、市民自らが調査し、公表し、社会の関心を喚起し続けることが大切である。

清水港で採取したナタネを検査キットで判定する

## ５　二〇〇九年度

一次検査で、二五検体と圧倒的な数の陽性反応が出た、千葉港近辺の状況が目を引く。一〇一検体中二五だから、その確率は愕然とする数字だ。千葉港から搾油工場までのルートにほとんど集中しており、千葉単協や種子ネットの活動の成果で、輸送トラックの積載量が山盛りの状態から八分目になったのだが、それでも、道路の曲がり角に、行きと帰りのルートとも自生が集中している。

今回は種子ネットと連携して調査を実施した。まず、集合場所で参加メンバーを紹介。採取時の注意事項を確認して、いくつかのグループに分かれて、それぞれのルートの調査に入った。初めての人や、何回目かのベテランの参加と、その時折の組合員やその家族の参加を得て、この活動は、引き継がれている。

## ６　二〇一〇年度

横浜港から搾油工場までのルートである国道沿いにも三検体自生が確認された。

各会員単協の活動の報告をしたい。まずは、東京単協。輸入港や搾油工場、飼料工場が地域内にはなく、ＧＭナタネ調査活動への組合員の参加意欲をどう喚起し続けるのかが、問題だった。そこで、千葉の調査に三名の組合員が参加し、検体を持ち帰り検査したところ、陽性反応が出たそうである。〝出ない〟というゼロベースを積み上げてこそ、出たところのデータが生かされる。菜の花を見守り続ける「市民の目」があるから、それが抑止行為となっているのではないだろうか。五七地点で採取しすべて陰性であった。調査方法の検討として、菜の花だけでなく、菜の花もどきの近縁の雑草にも範囲を広げてはどうかとの意見があった。

神奈川単協では、三つの地域生協と神奈川ユニオンが調査を実施。すべて陰性で、前年、ＧＭナタネが見つかった本牧市民公園付近も調査したが陽性はなかった。

埼玉単協は高速道路周辺を重点エリアとして見直し、約五〇地点で実施。関越道と東北道の沿線とパーキングエリア付近で採取、すべて陰性であった。

千葉単協では、この年は、花が咲く前に抜き取り、調査を行なった。陽性のものは、バスタ耐性のものが多いが、前年よりＧＭナタネの出現率がおちているように感じられるとの報告があった。ＧＭナタネの効力が落ちているのでは？　そんな疑問を持ったとのこと。輸送ルートの自生ナタネの抜き取りは大変な作業であるが、継続が必要である。

神奈川県で行なわれた菜の花ウォッチング

長野単協は各ブロックと地域政党の信州生活者ネットとともに、六月四日までにすべての調査が終了、最初の年に出た地点も調査したが、すべて陰性であった。

栃木単協は、飼料工場付近など二〇検体採取し、すべて陰性であった。

茨城単協では、「組織エリア内での身近なナタネウォッチ活動」と「重点エリア（鹿島港と国道五一号線）調査活動」の二本立てで実施。重点エリアでは、三月一六日、四月一九日、五月一〇日の三回実施し、一三検体が陽性反応であった。

愛知単協では、愛知県知多市の飼料工場と製油メーカー周辺とそれに続く産業道路を調査した。多くのカラシナやナタネが自生しており、一〇検体中二検体がバスタ耐性であった。製油メーカーと飼料工場の二つの会社に公開質問状を出したが、製油メーカーでは、ナタネは取り扱っていないとの回答で、飼料工場からの回答は、まだ来ていないとの報告であった。

大阪では、生物多様性の日のイベントとして組合員に呼びかけ、五月二九日に調査活動を実施した。当日は六名の参加で、国道二号線・外環状線沿いの道路と鳥飼大橋付近の淀川河川敷で調査した。四月上旬、河川敷を黄色に染めていたからし菜は、四月中旬に二回すべて刈り取られていて、当日、大橋の付近にわずかに残っていたからし菜を調査、陰性であった。参加した組合員と遺伝子組み換え作物の現状などを話し合ったとのことである。

新たに生活クラブの仲間になった「都市生活」（兵庫）では、六月一三日に、「ＧＭ食品を考える中部の会」と合同で三重県四日市市でのＧＭナタネ抜き取り活動に一五名の組合員が参加した。七〇〇株の抜き取りをし、そのうちの六八％がＧＭナタネであり、しかも、抜き取ったナタネの様な〝変な草〟が、ＧＭナタネと雑草（ハタザオガラシ）の交雑したものであるらしいということで、生物多様性への影響が危惧される。ＧＭナタネの自生は、丹念に抜き取るしか手立てはない。人為的に起こした自然界への負の影響は、人の力で未然に防ぐ地道な活動が必要である。

静岡単協では、重点地区である清水港の調査を農民連の八田さんたちとこの年も行なった。静岡市の市会議員も参加し、七検体がＧＭナタネであった。清水港は、静岡県の管理である。しっかりとした管理の徹底を要請し、また、秋にも調査の予定である。

## まとめ

以上が、この六年間の生活クラブ生活協同組合の組合員の活動の軌跡である。ＧＭナタネの自生がないことが当然なこととして受け止められるよう、日本中のいたるところで、日本の自然を見つめ続ける「市民の目」の存在は欠かせない。日本で、ナタネの自給率が一〇〇％となる日まで、それは、はるか遠い未来なのか、近い将来なのか…この活動を続けていこう。

（文責・赤堀ひろ子）

■第4章

# 関西でのGMナタネ自生調査活動の記録

■生協連合会きらり

## 各年度ごとの取り組み

二〇〇五年より始めた「GMナタネ全国自生調査」は市民による監視活動として、またGMO問題を広く社会化するツールとして有効に活用できた。年度ごとの取り組み変遷と各単協（生活協同組合エスコープ大阪と生協都市生活）のまとめをもって六年間の総括としたい。

### 二〇〇五年

生協組合員と役員が中心となり、大阪府と兵庫県で八七カ所の調査を行なった。堺市および宝塚市で、それぞれ一検体陽性反応があり、GM汚染が足元で進んでいることが判明した。行政（首長）あてに「GMナタネの自生と交雑防止に関する要望書」を出し、輸送中のこぼれ落ち防止などの措置を企業に働きかけるよう要請した。

また、ナタネ調査を契機に各単協では、遺伝子組み換え問題に関する活動が活発になり「組合員活動の委員会やチーム」ができ上がった。

### 二〇〇六年

生協組合員だけでなく近隣府県の生産者に呼びかけ調査エリアを増やした結果、一〇〇カ所での調査となった。陽性反応は神戸市の製油会社周辺で一検体あった。この地点はこれ以降、毎年ＧＭナタネが発見されており、「生協連合会きらり」の活動エリア内の定点観測地としてＧＭ汚染拡大（国内自生）のメルクマールとなる。

## 二〇〇七年

単協ではより多くの組合員がＧＭＯの問題を身近に感じとれる機会として、「ナタネハイク」などを企画し、子ども連れで参加できるＧＭナタネの自生調査を始める。また、交流のある韓国の二生協に参加を呼びかけ、韓国内三カ所で調査を行なった。一〇一カ所での調査で陽性は堺市と神戸市でそれぞれ一検体であった。

## 二〇〇八年

京都学園大学の金川貴博さんにお願いして、ＧＭナタネのＰＣＲ検査を見学させてもらう。学生有志によって結成された「京都学園大学ナタネ調査隊」の学生と合同でＧＭナタネ自生調査を開始する。調査個所を製油会社や飼料会社などの周辺に絞り込んだことで、調査個所は七七カ所、陽性は神戸市での二検体であった。

## 二〇〇九年

前年同様に調査個所をさらに絞り込み、五五カ所での調査となった。陽性反応は例年同様に神戸市の製油工場周辺で一検体発見された。一次検査ではラウンドアップとバスタの両耐性の可能性が認められた。他府県でも両耐性の確認がされ始めていることから、輸出国でのＧＭナタネ栽培の拡大によるＧＭナタネどうしの交雑が始まったと予測される結果となった。

## 二〇一〇年

調査は九九カ所で行なった、今年度は幸いなことに陽性はなかった。日本でのＧＭナタネの自生状況を実感できるように「中部の会」が行なっている「ＧＭナタネ引き抜き活動」へ四〇名が参加した。単協の調査活動に初めて府立高校の生徒が参加するなど、活動を学生層にアピールすることができた。

# 生協都市生活でのＧＭナタネ自生調査活動

## １　ＧＭナタネ自生調査

生協都市生活は阪神間をエリアとする。エリア内には多くのナタネの水揚げがあるという神戸港がある。遺伝子組み換え食品いらない！キャンペーンの呼びかけに沿って、私たちも是非調査に取り組みたいと思い、二〇〇五年春から毎年Ｇ

Mナタネ自生調査に取り組んできた。

製油会社の所在を調べ、その周辺を中心に黄色い花を目当てに車で回った。神戸港近辺の製油会社は埋立地の海に面したところにあり、船が横づけされ、ナタネをバキュームで吸い上げて、サイロに移動させるらしい。そのため、トラックなどで港から製油工場に輸送するということはないと考えられるので、輸送による拡散の危険性が無いのは何よりだと思っていた。

ひょろひょろと、ナタネは点在して自生していた。半信半疑でキットを使って調査をしたところ、あっさりと二カ所で陽性反応が出たのだ。その内の一つは、工場周辺ではなく工場から車で一〇分くらいの大型トラックのよく通る道路の側溝に自生していた。それとは別に組合員に広く呼びかけ、調査を行なった中に二次検査で陽性反応が出たものが一検体あった。神戸港とは離れたいわば内陸の宝塚市で、住宅地の中にある商業施設の一角で咲いていたナタネがそれである。こんな所で見つかるようでは、かなり広がっているのではと、衝撃的であった。

また、兵庫県下の生産者にも呼びかけて自生ナタネを探していただいたが、なかなか自生ナタネが見つからないということだった。結局二年間、協力をお願いしたがナタネが無いということで、それ以降は阪神間だけにしぼった調査をしている。

調査した初年、組合員である県会議員さんに仲介していただき、兵庫県に「輸送時のこぼれ落ちの無いように」また「ナタネが自生しないように厳しく管理をして欲しい」と申し入れをした。しかし、国が安全だとしていることに対して、特に県が規制することは無いという回答であった。野菜との交雑の懸念については、野菜は花が咲く前に収穫するので、交雑の心配はないとの考えだった。

製油会社にも、申し入れをしようと製油会社神戸工場に連絡したが、ここには対応部署が無いので、東京の本社に言って欲しいと、会ってもらえなかった。本社には文書で送ってくれるようにといわれ、〝GMナタネが自生しているので、より管理を徹底して欲しいことと、私たち市民も抜き取りの協力をしたい〟というようなことを書いて送った。ようやく送られてきた回答は、国が安全だと認めているので、問題は無いと考えているというようなそっけない返事だった。また、同封した二次検査の結果のコピーについては、検査機関や結果が信じるに足りるものではないのではないかという、批判的なものだった。管理の一層の徹底と、一緒に抜き取りをしようという提案であって、会社に対して非難したわけではないのに、取り付く島がないという感じであった。

翌〇六年には、その製油工場前の街路樹の根元にナタネの双葉の群生を見つけてしまった。こんな所に群生しているのは、明らかにこぼれ落ちだと思われた。頭上には、地面から数メートルのところに、ベルトコンベアでも通っているのか、四角いラインが通っていた。ひょっとしてその継ぎ目からこぼれたかもしれないと思われた。あたりがアスファルトではなく、土であれば、もっとたくさん自生していたかも知れない。それらはもちろんＧＭナタネであった。

その翌年〇七年頃から、工場周辺と、工場前の道路の広い分離帯はきれいに雑草が抜かれ、明らかにそれまでより管理が強化されているように感じられた。その年は、製油工場の向かい側の別の工場のフェンス内の小さいカラシナが陽性であった。網目状のフェンスに手をようやく入れて採った物である。

〇八年には、〇五年に一次検査で陽性反応が出たのとほぼ同じ所、即ち製油工場から車で一〇分程離れた所に一株と、道路を挟んでもう一株つごう二株ＧＭナタネが見つかった。

またこの年、加古川にある飼料工場周辺にも調査にでかけた。すぐ裏に小さい川が流れていて、中洲や土手にナタネが自生していたが、陰性のようだった。工場周辺はきれいで、ナタネの自生は見受けられなかった。この年、二次検査を請け負っていただいた京都学園大学のナタネ調査隊の学生さんや金川さんと一緒に工場周辺と、〇五年にＧＭナタネが見つかった宝塚とを調査した。後日、京都学園大学を訪ねて、二次検査であるＰＣＲ検査がどんなものかを見学させていただいた。けっこう時間がかかるもので、下準備を予めしていただいて、半日お邪魔した。女子大生が遺伝子組み換えについて関心を持ったということで、中心になって活動されていて、頼もしいことだった。

〇九年は、製油工場前のアスファルトの隙間に本葉が出た状態のナタネが三株ほど自生しており、それがＧＭだった。この年、県にまた申し入れをした。製油工場周辺は、きちんと管理されているように感じられ評価しているが、まだＧＭナタネが毎年見つかる。ＧＭナタネの自生は生物多様性条約の主旨に反するものであるし、野菜と交雑してはたいへんである。管理をより徹底して欲しい。また、製油工場にもそのように伝えて欲しいと、要請した。しかし、返答の主旨は、以前と変わらないものだった。ついでがあれば、工場に言いましょう、というのがやっとで、そんな気はなさそうという印象を受けた。

調査は、いずれもだいたい三月中旬から四月末までの期間に行なった。工場周辺には、民家は無く組合員はいないので、わが生協の「遺伝子組み換え食品いらない！チーム」が主になって車で回って調査した。調査している時は、不謹慎にも陽性が出ると「やった～」などと思い、陰性だと、「ハズレ

〜」、「そんなハズはない」、などと言い合ったりして、ちょっと複雑なものである。

製油会社の周辺は、初めてナタネ調査を行なった頃より、抜き取りなど管理がよりなされているような印象を持っている。ナタネ調査を実行し、GMナタネを見つけて、県や製油会社に管理の徹底を要請したことが、それにつながったではないかと、私たちは評価し、監視はやはり抑止効果になるんだと実感している。

しかし、遺伝子組み換えに関しては、まだまだ認知度は低いというのが実感である。市場の食品表示にはGM使用の文字がないため、関心がどうしても薄いように感じられる。全食品対象にGM表示がなされて、ようやく市民は関心を持つのだろうと思える、とにかく全食品のGM表示は早く実現させたい。

## 2　ナタネハイク

自生GMナタネ調査を別の形でも行なおうとナタネハイクを企画した。といっても、これまでの状況から、市街地ではなかなか自生ナタネを見つけることは難しく、また幸いなことにGMナタネがそう見つかるものでもない。そのため、ナタネ調査が主目的ではなく、GMとはこんなに身近な問題なんだと、関心を持ってもらうことを目的とした企画である。

春休みに子ども連れで参加できるように、自生ナタネやカラシナが、少し見られる神戸市西区の、私たちの野菜の生産者の圃場をめざして歩くことにした。圃場はニュータウンを見下ろす丘陵にある。市営地下鉄の駅に集まって、まず、ざっと今日のハイクの目的やGMについて説明する。それから畑まで三キロほどの舗装された道を、川の近くや道の端に適度に点在するナタネやカラシナをとりながら、ゆっくりゆっくり歩いて行くのである。ベビーカーもOK。若いお母さんが関心を持ってくれることは大歓迎であり、参加は望むところだ。途中所々にある小さな畑には、「ほったらかし」にされて、ナタネによく似た黄色い花を咲かせた青菜類などの野菜や葉牡丹などを結構見かける。もしこんな所にGMナタネが自生して花を咲かせたら…と、参加者には、交雑するということが実感できる絶好の光景だった。途中、休憩かたがた、それまでに採ったナタネやカラシナをキットで調べ、陰性の反応にちょっと残念と思いながらも、良かった、という結果になるのである。陰性結果に、あ〜よかったぁと真剣に言ってくれた子どもの声が耳に残っている。

ゆっくり歩いて丘を登りきったら、生産者が待っていて、畑まで誘導していただく。あとは畑を見学させてもらい、ちょっと収穫体験もして、またナタネがあれば検査することも。そうして生産者と交流し、おにぎりを食べてから、違う道を

ナタネハイクを行なう

駅に向って、ナタネを探しながら歩いて帰るのである。

## ３　ナタネ調査から生まれた組合員活動「遺伝子組み換えいらない！チーム」

理事会では、〇五年に遺伝子組み換え反対の活動に取り組むチームを作ろうと考えた。まず有志を募るために、「街に出て遺伝子組み換え食品を捜そう！」と銘打って組合員に呼びかけ、実際にスーパーに行ってＧＭ原料使用という食品を捜そうという企画を行なった。一二〜三人集まり実際に店舗に行ってあれこれ表示を確認したが、もちろん見つかるはずはない。たくさん輸入しているということなのにどういうことかと、参加者は疑問に思ってくれたので、これについて調べていかないかと提案し、月一回賛同した四〜五人が集まって調べていくことにした。チーム名も、「遺伝子組み換え食品いらない！チーム」とした。

そうしてＧＭ食品の表示について調べてわかったことをみんなに知らせようと、翌年から毎月機関紙とともにＧＭニュースとして、少しずつ書いて発行する取り組みをした。その際、会話形式でわかりやすいものをということで、ＧＭのことなら何でもお任せのＮｏｎ―ＧＭのＮＯＮちゃんと、組み換えのことは何も知らない組みちゃんというキャラクターを作った。

また、ＧＭ原料が使われている可能性のある食品を組合員に知らせようとチェックシートを作り、その裏面にはＧＭについて資料をのせ、チェックシートの回答を出してもらうようにしたところ、たくさんの提出があった。

それから製油工場周辺のナタネ調査に加わるようになり、以降毎年チームメンバーは必ず工場周辺の調査をしている。またＧＭナタネ全国報告会には、チームから誰かが必ず参加し、全国の仲間とのつながりや力と刺激とを感じて帰ってきて、チームで共有している。

〇七〜〇九年には毎年、天笠さんに来ていただき、少しずつテーマを変えて「世界のＧＭ最新情報」、「世界の食料事情」、「日本の食料自給」について講演していただいた。講演後は参加した組合員から、すぐにでも食品表示の改正をするよう署名活動がしたいという声があちこちから上がっていった。これらの講演会の実行もこのチームで行なった。

また、遺伝子組み換え食品いらない！キャンペーンが制作した絵本『あぶない食べもののはなし』の絵を借りてチームでパネルシアターをつくり、〇九年の講演会終了後に一〇分ほどの上演を行なった。できあがって間もない頃であったので、しどろもどろの場面もあり、笑いを誘う楽しい上演であった。

ＧＭＯフリーゾーン宣言活動では、あの大豆をイメージしたマークを、パウチですぐ掲げてもらえるようにし、兵庫県下の四生産者に直接持っていって、畑の中で宣言文を読んでもらう活動をした。訪ねた生産者は、ＧＭについてはよくご存知で、頼もしい限りであった。また、生協連合会きらりで、ＧＭＯフリーゾーンのマークの入ったクリアファイルを制作する事になり、裏面には、遺伝子組み換えの可能性のある原材料使用の食品で、表示義務の有るものと無いものの一覧デザインを手がけた。


（文責・大沼和世）

## エスコープ大阪のＧＭナタネ自生調査活動

### １　ＧＭナタネ自生調査

二〇〇三年の国内でのＧＭイネやＧＭ大豆の試験作付け反対行動、二〇〇六年より生産者とともに取り組んできたＧＭＯフリーゾーン運動など、さまざまなＧＭＯ阻止活動に取り組む中で「ＧＭナタネの自生調査活動」は多くの組合員がＧＭＯの問題を身近に感じることができる大変良い取り組みとなった。

二〇〇五年からの六年間での抜き取り調査では大阪府下を中心に四〇〇検体近くの自生ナタネを調査し二検体が陽性であった。少ないながらもＧＭナタネの自生が確認できたことで、私たちの足元にまでＧＭ汚染が確実に広まっていることに気づき、大きなショックを受けることになった。

二〇〇五年には「大阪府内における遺伝子組み換えナタネの自生・交雑の防止に関する要望書」を大阪府知事あてに提出し、「大阪府としての自生ナタネの監視」と「ナタネを食品や飼料として輸入をしている輸入業者への適切な指示」を求め、農作物との交雑の危険性を訴えた。しかし残念ながら、私たちの要望は受け入れられず大阪府による自生と交雑に関する防止措置は取られていない。ただし二〇〇六年に施行された、大阪府も取り組みが義務づけられた「有機農業推進法」では明確にＧＭＯを否定している事から、これまでのＧＭナタネ自生調査の結果をもって、農政面からのアプローチを検討できればと思っている。

## ２　広がりをもたらした自生調査

ＧＭナタネの自生調査は全国一斉の調査であったため、全国報告会や関西報告会などに参加した組合員は日本全国で運動を推進している多くの仲間を実感できる良い機会となった。エスコープ大阪としても、この運動は組織内にとどめず広く他団体へ呼び掛けることが必要であると考え、積極的な情宣を行なってきた。

「生協連合会きらり」としてではあるが、交流のある韓国の二生協（ウリ農生協と原州生協）へ韓国での調査を呼びかけた。郵送した「調査方法の手引書」を翻訳され、丁寧に調査を進められたようだが、ソウルでは、なかなか自生ナタネを見つけることができず、済州島まで行って採取するなど苦労をされた。

翌二〇〇七年の五月、韓国ウリ農生協が研修交流で来日された際、韓国での「ＧＭナタネ自生調査」の様子を映像にまとめられ、私たち生協組合員に報告された。韓国も日本同様、食料自給率が低く、食べ物や農業のあり方について問題意識は共通するものであった。

遺伝子組み換え作物についても危機感は私たちと同様で反対運動をともに進めていく確認をした。ウリ農生協ではすでに、「きらり」からの働きかけによって原州市テアンリにおいてＧＭＯフリーゾーン宣言をされてきた経過がある。その後、原州生協でもＧＭ反対運動の取り組みが進み、「遺伝子組み換えＮＯ！」のパネルを生協店舗に掲げる除幕式に同席させてもらった。ＧＭフリーを表したマスコット・キャラクターのＴシャツを着た組合員が店頭に並び、マスコット・キャラクターの携帯ストラップを独自で作られ販売するなど、韓国で組合員を通して、「遺伝子組み換えにＮＯ！」の活動が拡がっていることを実感でき、国を超えた生協間連帯が進んでいることを力強く感じた。

また、二〇〇九年からは「京都学園大学ナタネ調査隊」や

GM ナタネ自生調査活動の様子

「大阪府立伯太高校」の学生との合同調査を開始するなど、若い世代にGMO問題をアピールすることがはじまった。これからも、多くの人を巻き込んだ取り組みとして調査活動を継続しつつGMOの無い世界を目指していきたいと思う。

## 3　ナタネ調査から生まれた組合員活動「GMフリー推進委員会」

「GMナタネの自生調査」はGMOに反対する一つの手段である。

エスコープ大阪の組合員活動として生まれた「GMフリー推進委員会」は、ナタネ調査にとどまらずGMO阻止のためにさまざまな活動を展開している。生産者に向けた「GMOフリーゾーン宣言」活動と消費者に向けGM食品を買わない、食べない宣言をする「家庭でのGMOフリーゾーン宣言」活動、Non—GM食材を使用した料理講習会を通じてGMO問題をアピールする「ヘルシーダイニング」の開催、GM大豆の使用状況を知ろうと、醤油や納豆などの大豆製品の生産者への聞き取り調査、GMOの紙芝居やパネルを作成し、集会やイベントでの発表、行政が主催する「生活情報展」でのナタネ調査のパネル展示、共同購入商品を組合員自らが、商品カタログのGMO表示に対応して分けてみる「GM食品仕分け」活動など、普段の食生活からGMO問題に気づく場面を多く作ろうとしている。

これからも、Ｎｏｎ―ＧＭ食品を利用することでＧＭ作物の作付拡大を止めることはもちろん、意思ある生産者や消費者組織との連携でＧＭＯ規制・抑制のはたらく法制度の獲得に向け取り組んでいく必要を強く感じている。消費者個々人がＧＭＯに対し正確に判断ができる情報量を獲得できれば、必ずＧＭＯは過去の遺物になると信じて。（文責・吉田正美）

# ■第5章 遺伝子組み換えナタネ自生の現状と今後

■遺伝子組み換え食品を考える中部の会

## 新たなＧＭナタネ汚染ルート

二〇一〇年四月一一日、遺伝子組み換え食品を考える中部の会（以後中部の会と略す）では名古屋市の議員に同行してもらい、名古屋港周辺のＧＭ西洋ナタネ（以後ＧＭナタネと略す）の自生状況の視察をお願いした。二〇一〇年一〇月に行なわれるＣＯＰ10／ＭＯＰ５（生物多様性条約第一〇回締約国会議、カルタヘナ議定書第五回締約国会議）に向け、現状の認識と啓発を行政に促せたらという希望によるものだった。

ところが今回、予想外ともいうべき、私たち中部の会で把握していなかった新たな西洋ナタネの輸送ルート発見という結果となってしまった。

今まで中部の会の調査では名古屋港潮見埠頭から船見交差点を左折、県道五五号線を北進、国道二三号線竜宮ＩＣまでの西洋ナタネ輸送ルートを確認していた（次頁図）。二〇〇六年五月の私たちの調査では、名古屋港の南、東海市北浜町の穀物埠頭（飼料、穀物加工関連の工業地帯）周辺は、ＧＭナタネによる汚染の兆候を確認できなかった。そのため、その後の詳しい調査を行なうことがなかった。

今回の調査で、愛知県東海市北浜埠頭から西知多産業道路を北に経て県道五五号を名古屋方面に北進。さらに竜宮ＩＣ（名古屋市南区竜宮町）を左折、国道二三号を西にたどり、飛島

図1　GMナタネ汚染ルート

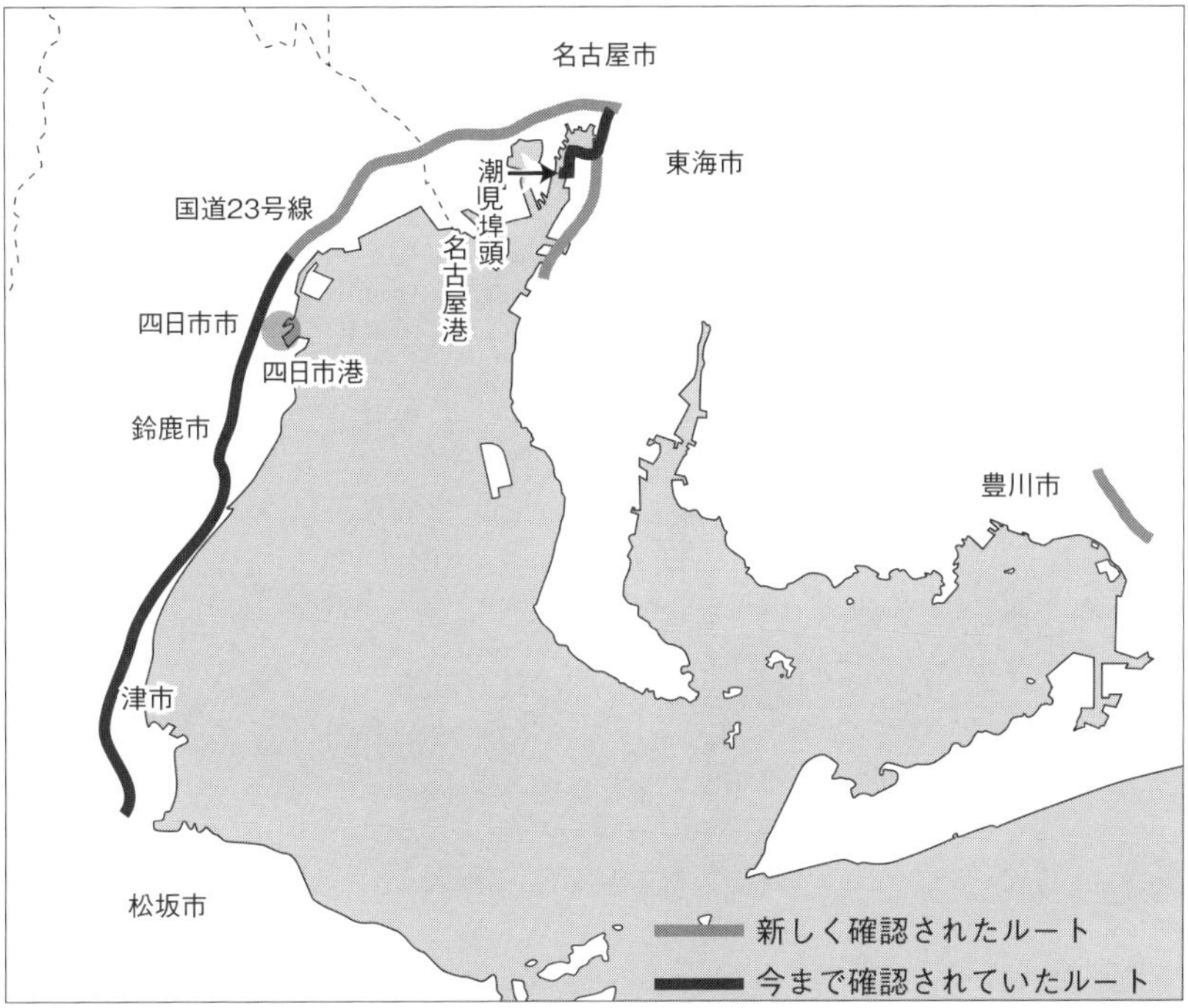


村三好までの西洋ナタネ自生を確認した。なおこの国道は四日市港のある四日市市へと通じており、同市では中部の会の調査ですでに西洋ナタネ自生が確認されている。なお中部の会で把握している松阪市の関連企業は東海市からナタネを陸送していないため、それとはちがう「どこかの」業者ということになる。出荷元が飼料会社ということからペットフード（小鳥など）の販売業者なのかもしれない。

今回の調査の結果、東海市から名古屋港をぐるりと三重県四日市港、さらには松阪市に至る延々約九〇キロメートルが遺伝子組み換えナタネに汚染されているという事実が確認されたのである。

一方、二〇〇八年には私たちが想定していなかった愛知県豊川市で食品加工とは別の目的で種子が移送されたことによる汚染が確認された。これは輸入の途中で汚濡れなどにより損害を受けた穀物を、飼料や工業用油脂などの加工目的で豊川市のある業者が陸路移送したことが原因であることがわかった。

すべての状況が把握されたわけではないため一概にはいえないが、ＧＭナタネによる汚染の原因には次のような例が挙げられる。

### 一　食品関連の陸路輸送

写真１　産廃業者が使う回収用容器（四日市港内にて）

二　飼料関連の陸送
三　工業用など、それ以外の目的の陸送
四　サイロダスト（サイロの掃除で出るごみ）を産廃目的で陸送（写真1）
五　鳥などがこぼれ落ちたナタネを食べ、他の場所で排泄（写真2）
六　交雑による拡散

写真２　こぼれ落ちた穀物に集まるハト（愛知県蒲郡市三谷港）

写真３　穀物運搬船からアンローダーで荷降ろし

一般的なＧＭナタネ汚染のプロセス

①港に横付けされた穀物輸送船から巨大掃除機のようなアンローダー（荷揚機）で吸引陸揚げ（写真３）

②そのままベルトコンベアで倉庫（サイロ）に送り込み保管（写真４と５）

③食品加工業者に陸送するトラックに積み込む（トラックの荷台にサイロから送り込む）（写真６）

④一般公道を経由して食品工場へ（写真７）

⑤食品工場で食用油などに加工

かつては以上のプロセスがいずれも大雑把な管理のもとで行なわれていた。

②では追悼内のコンベアーの曲折部でナタネがこぼれ落ちる。

③④積み込みの際、トラックの車体のどこかにこぼれたナタネが走行中に振り落とされる。

以上のような原因が考えられる中、トラックの荷室の機密性の向上、過積載の禁止、積み込み方法の改善など、関連の企業により大幅なこぼれ落ち防止対策がなされてきた。以前は運搬したトン数で支払われていた運賃（トン引き）は現在では回数（車引き）に変更されたため、トラックの過積載による

写真４　写真５ベルトコンベアーでサイロへ移送

写真６　トラックへの積み込み（細いノズルから荷台に注入される）

荷こぼれはなくなった。

また、港内で自生するナタネについては徹底的な駆除が行なわれており、現在は問題になっていない。

二〇〇四年七月以来、中部の会では調査活動を始めた。さらに〇六年以降からは関連の企業と連携をとりながら駆除活動を行なってきた。なお関連企業では、中部の会以上の頻度で、しかも全社をあげての抜き取り駆除活動を行なっている。

## 懸念されていたＧＭ雑草の自生が現実に

二〇一〇年六月、第七回にあたるＧＭナタネ抜き取り隊で除草剤耐性のアブラナ科雑草一株が採取された。実は前年一一月に行なわれた第五回抜き取り隊の際にも同様の個体が採取され、ＧＭ陽性の結果が確認されていたものの、詳細が明確にされないまま風乾標本（陰干しした標本）として保管されていた。そして今回採取された一検体とともにＰＣＲ検査を行なった。その結果、二検体ともにＧＭ陽性と判明（今回の検体はＲＲ耐性、昨年六月の検体はＲＲ／ＬＬ両耐性）した。

野生のカラシナには多くの種類があり、今回の交雑ナタネの片親の特定はできていない。しかしながら、懸念されていた雑草へのＧＭ遺伝子の伝播が確認されたことは事実である。

写真７　トラックで輸送

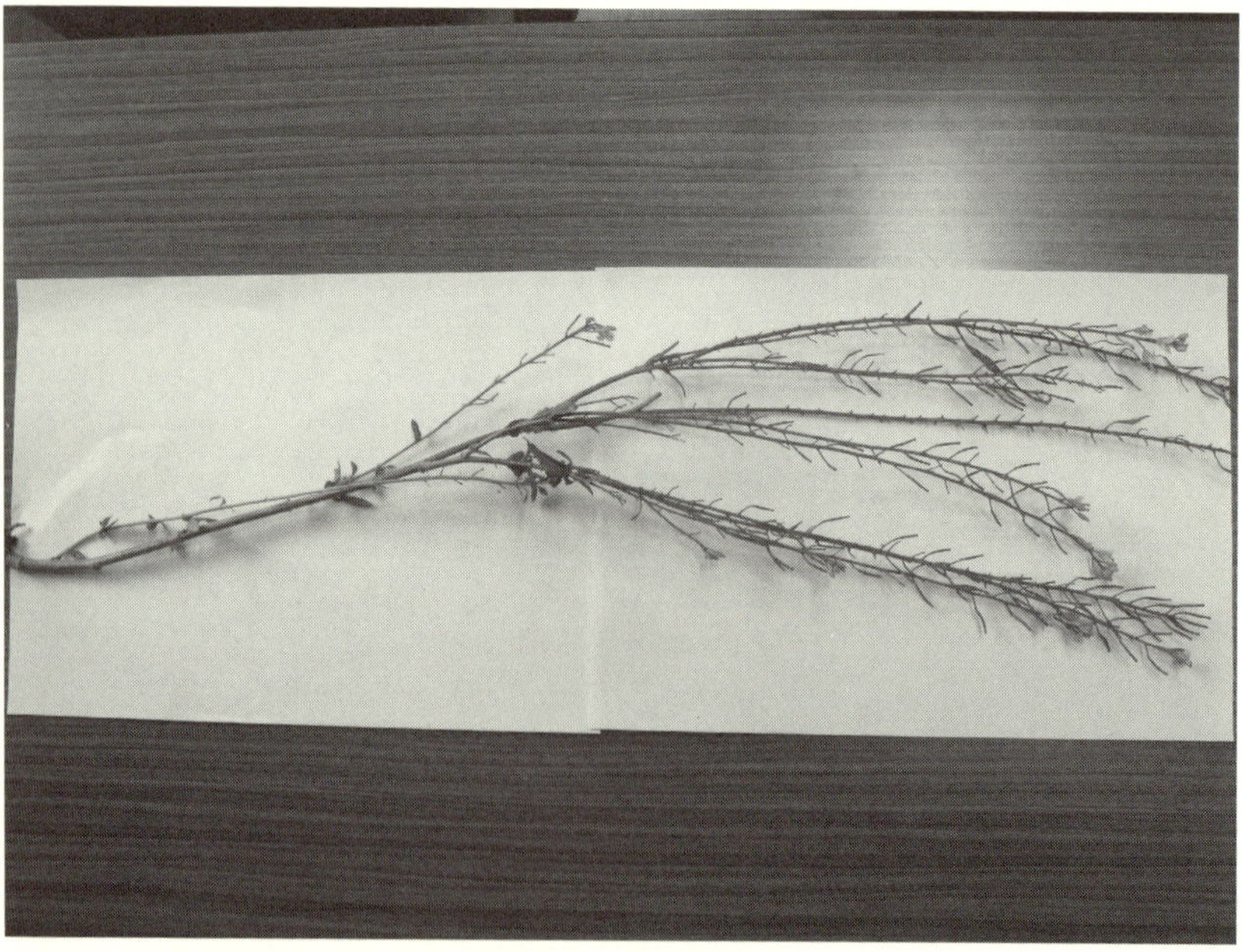

写真８　第７回抜き取り隊で採取されたＧＭ雑草？

写真９　抜き取り隊（三重県津市）

## 農林水産省の見解（交雑性について）

農林水産省では西洋ナタネの交雑性について次のような見解を示している。

「我が国の自然環境中には多くのアブラナ科植物が生育しているが、セイヨウナタネ（Brassica napus）と交雑可能な種として、セイヨウナタネ自身のほかにBrassica属に属するB.rapa（カブ、コマツナ、在来種ナタネ等）、B.juncea（カラシナ、タカナ等）、B.nigra（クロガラシ）及びRaphanus rahanistrum（セイヨウノダイコン）が知られている。

セイヨウナタネ、B.juncea、B.nigra、R.rahanistrumは、すべて明治以降に人為的に我が国に導入されたとされる外来種であり、またB.rapaについても我が国への導入時期は古いが、栽培由来の外来種であり、いずれも影響を受ける可能性のある野生動植物としては特定されない。

以上のことから、影響を受ける可能性のある野生動植物などは特定されず、交雑性に起因する生物多様性影響が生ずる恐れはないとの申請者による結論は妥当であると判断した」。

現在輸入が許されているＧＭナタネの種子は「第一種使用」が許されている。これは主務大臣に申請が受理されれば一般の圃場でも栽培可能ということを意味する。しかしながら在来の作物、野生種への交雑による拡散については、そのような手続きなどあるはずがない。農業などに与える影響は計り知れない、といえる。

## 二〇〇四年からの経過

ここで二〇〇四年七月以来の中部の会の調査活動の経過を追ってみよう。

■〇四年　農水省による茨城県鹿島港でのＧＭナタネ自生確認の発表を受け、中部の会でも調査活動を開始。名古屋港潮見埠頭（名古屋市南区）と四日市港第二埠頭（三重県四日市市）周辺にＧＭナタネの自生を確認。

■〇五年　四日市港より松阪市までの国道二三号沿線でＧＭナタネ自生を確認。

■〇六年　ＧＭナタネが国道二三号沿線を点から線へと勢力を伸ばしていることを確認。この年より、中部の会では『調査』から『駆除』活動へと方針を変更。秋から『ＧＭナタネ抜き取り隊』を開始（以後二〇一〇年六月までに七回）。（写真9）

■〇八年　あらたに愛知県豊川市の国道一号線沿いでＧＭナタネの自生を確認。しかもその中から在来ナタネとの交雑を思わせる株を発見。この時点で国内でＧＭナタネ交雑種が確認されたのははじめて。（写真10）

この年、環境省の調査で三重県松阪市の河川敷でも、在来ナタネとの交雑種と思しき個体が確認されている。

■〇九年　愛知県豊川市国道一号沿線で、今度はカラシナとの交雑を思わせるＧＭナタネを確認。前年、交雑在来ナタネを確認した地点から十数メートルしか離れていなかった。

さらにこの年の秋、今度は三重県津市で作物（ブロッコリーに似た）との交雑と思われるＧＭナタネを確認。（写真11）

■一〇年　三重県四日市市から松阪市の国道二三号線でアブラナ科雑草との交雑を思わせるＧＭナタネを確認。（写真8）

## 最近の展開として

農民連の調査研究の結果、試験紙による簡易検査ではＧＭ陰性を示しても、ＰＣＲ法のような遺伝子レベルでの検査ではＧＭ陽性と判定されるケースがあることが判明。農民連では調査活動の一環で、簡易検査のほかに自らの研究室でＰＣＲ法による遺伝子判定による精度の高い検査も平行して行なっており、このような事実が見出された。このことにより、従来のＧＭナタネに何らかの変異が起こっている可能性が判明。

写真10　形態は在来ナタネだが……

写真11　作物の形態だがこれもＧＭ陽性

## 六年間の経過から

以上、約六年間の経過から、現状をどのように判断したらよいのか。これはそれぞれの年の気候や諸般の事情にもよるが、状況は決して楽観できるものではない。農水省など国側の態度としては、西洋ナタネについては目立った拡散の傾向はないため、対策の必要はないとの見解である。

それに対し、中部の会ではそれとはまったく反対の見解を表明せざるをえないというのが現状である。先にも挙げたように、

①拡散を防ぐための駆除活動の必要性。
②在来種やカラシナ、作物、さらには雑草との交雑種が確認されるようになった。
③簡易検査では検出できない、本来のGMナタネとは異なった性質のものが出始めている。
④複数の新たな汚染ルートが確認されている。
⑤民間レベルの駆除活動ではGMナタネの拡散を止めることがむずかしい状況となってきた。
⑥現行の調査駆除活動では限界があり、GMナタネの自生分布の全貌を把握することがむずかしい。

現在、民間企業や中部の会のような組織による懸命な駆除活動にもかかわらず、GMナタネの勢力は一進一退どころか、むしろ悪化の方向に進んでいる。こういった陰の努力の結果に立ったうえでの『拡散の心配がない』という国の判断にはいささかの苛立ちさえも感じざるを得ない。(写真12)

## GMナタネは外来種なのか

生物の多様性を乱している外来種のことを特定外来生物と呼んでいる。外来魚による在来魚の駆逐。また直接の被害の例が挙げられなくても、拡散の勢力を見せる外来生物も少なくない。

国側の考え方では、直接の被害を及ぼす恐れのないGMナタネについては、外来生物と同等の解釈がなされているというのが現状である。しかしながら将来、たとえばGMナタネが環境や私たちの健康、経済に対し、悪い影響を及ぼさないとは言い切れないのである。

## 実質的同等性とは

GM生物、食品の安全性を判断するための解釈として「実質的同等性」が取り沙汰されている(最近ではこの言葉さえ半ば形骸化してしまっているが)。要するに食品として認められる以上、たとえばGMナタネと非GMナタネは実質的に変わりがないということになっている。この判断こそ科学的な見地

表1　2009年ナタネ輸入実績

| | 名古屋税関 | | | 東京 | 神戸 | | | 大阪 | 門司 | 横浜 | | | |
|---|---|---|---|---|---|---|---|---|---|---|---|---|---|
| | 名古屋 | 清水 | 四日市 | 東京 | 神戸 | 宇野 | 水島 | 大阪 | 博多 | 横浜 | 千葉 | 鹿島 | 計 |
| カナダ | 233,425 | 177,798 | 84,119 | — | 380,978 | 17,602 | 139,785 | — | 108,554 | 339,801 | 313,015 | 162,036 | 1,957,113 |
| 豪州 | 10,574 | — | 6,222 | 3,387 | 41,148 | — | 31,809 | 5,917 | 11,482 | 4,048 | — | — | 114,587 |
| その他 | 18 | | — | — | — | — | — | — | — | 72 | — | — | 90 |
| | 244,017 | — | 90,341 | 3,387 | 422,126 | 17,602 | 171,594 | 5,917 | 120,036 | 343,921 | 313,015 | 162,036 | 2,071,790 |

写真12　抜き取り隊（三重県鈴鹿市）

写真13　抜き取り隊（三重県四日市市）

に立っているとは言い難く、むしろこじつけによる正当化である。「種」の壁を越えてしまった遺伝子が組み込まれた生物では、想定外の影響・リスクについて十分すぎる考慮が必要である。なぜなら、たとえば未知なタンパク質による健康に対する直接的、間接的な影響である。それが安全であるという確証がない限り容認されるべきではない。

遠まわしになってしまったが、GM生物は外来生物とはまったく異なるものであるということ。外来生物は在来の生物の生態系に影響を与えるが、少なくともその母国では長い歴史の中で自然界に存在しており、人の健康や生態系に悪影響を及ぼさないことがわかっている。しかしながらGM生物の場合、過去には在りえなかった存在であり、その影響についてはわからない。GM生物は外来生物とは明らかに異質なものなのである。

## 『責任と修復（救済）』

GM生物が国境を越え移動されることで、たとえば輸出先の国に何らかの不利益や被害を及ぼした場合、それに係る企業などにその責任と弁済の義務を負わせるための法的な取り決めをすべきだという機運が高まっている。これは一〇月に行なわれるカタルヘナ議定書第五回締約国会議（MOP5）での議論の焦点ともなる重要な問題でもある。

GM生物にはその開発者に帰属する知的所有権が付されている。そのため、ある種の遺伝子を勝手に国外に持ち出し、利用し、特許を獲得し、それから大きな利益を得ても、その配分を独占することができてしまう。この点についてもMOP5での議論の対象になっている。

「責任と修復」が実際に法的に行使された例としては、四日市公害、水俣病、アスベスト被害などで、加害企業に責任の追求と慰謝料や和解金などが課せられた例がある。ただしこれらの法的行使は、今まではあくまでも同じ国の中の問題を解決するに止まっていた。

しかしながら国境を越えてということになるとそうもいかず、国際的に勢力の強い国が優位に立つばかりで、さっぱり「責任と修復」が達成されなかったりする。

一〇月のMOP5に向けた準備会議の中で、最近あったトヨタ自動車の米国市場でのリコール問題を例に挙げた学者がいたそうである。「トヨタ自動車がかような「責任と修復」を課せられるのなら、モンサント社なども当然、責任を問われなくてはいけない」。

いうまでもなくモンサント社などは自社が開発した除草剤耐性などの作物で、GMフリーの農家の圃場や自然界をGM作物で汚染してしまっている。しかもその状況を修復させる意志もない。

## 日本のナタネ輸入港周辺で起こっていること

まず、大手の食用製油会社の周辺では、この自生問題はほとんど起こっていない。港の保税倉庫（サイロ）に隣接した加工工場まで、直接ナタネなどの原料をベルトコンベアーで導入するため、港の外に種子の放逸をするリスクが少ないためだ。一方、輸入港から内陸部に離れた場所に工場を持つ中小の製油会社では、遠距離の陸路輸送をしなくてはならないというのが現状である。

そもそもＧＭナタネの輸入を認めてしまったのは、大手の製油会社とつながりの深い日本政府である。好むと好まざるとにかかわらず、中小の製油会社もそれを認めざるを得なかった。そして今までどおりの方法でナタネの陸送を行なったために、ＧＭナタネのこぼれ落ち自生という状況に陥ってしまった。そして自らナタネの抜き取り駆除活動をしている。信じ難い状況として、「責任と修復」のための作業を自主的に行なっているのはだれあろう、ナタネの陸路輸送を余儀なくされている中小の製油会社である。さらには「中部の会」のような民間の組織も。（写真13）

先にも述べたが、ＧＭナタネの拡散は確実に進行しつつある。今までのような民間レベルでの駆除活動ではそれを止めることがむずかしい状況である。

## P．シュマイザーさんの例

カナダ、サスカチュワン州のシュマイザーさんは自らの圃場から、意図しない除草剤ラウンドアップ耐性のＧＭナタネが確認されたため、ただそれだけで「特許侵害」で訴えられてしまった。つまり「あなたの圃場に存在しているＧＭナタネはモンサント社に帰属する」ということである。

モンサント社がそこまで所有権を行使するのであれば、日本の道路脇などに自生しているＧＭナタネについても、その所有権はモンサント社にあるということになる。まさにモンサント社自身がその回収にあたるべきではないか。「責任と修復」の問題にあてはめた場合、その当事者とは、それを開発し、権利を所有し、管理をしている者、つまりモンサント社をはじめとするアグリバイオ企業ということになるはずである。

これは単に見解の相違で済まされない問題である。本当に安全なのか、拡散する心配がないのか、リスクはないのか、いずれも「ない」と言い切れないはずだ。

私たちが確認、把握している汚染ルートなどは、実はほんの一部なのかもしれない。まだ私たちが想定していない方面での汚染があるかも知れない。

とにかく、現在の民間レベルでの活動ではＧＭナタネの拡散を止めることがむずかしいものと思われる。将来、ＧＭナタネが何らかの悪影響を及ぼすことがあるとしたら、その時点ではもう手遅れとなっているかもしれない。それが日本の「農業」や「食」に取り返しの付かない事態とならないことを祈るしかない。

一九九六年、ＧＭナタネの輸入が開始されて以来、民間による調査・駆除活動が行なわれるようになるまでに約八年のブランクがあった。カナダから輸入されるＧＭナタネの比率も年ごとに上がり、現在その約八割がＧＭ種である。オーストラリア産のナタネは今のところ非ＧＭだが、全体的な輸入量から比べると一〇％以下に過ぎない（表1）。日本の需要を十分まかなう量を生産するには至っていない。そのオーストラリアはカルタヘナ議定書を批准していない上に、ＧＭナタネの栽培を開始した。オーストラリアでのＧＭナタネ栽培拡大を防ぐために、私たちはＧＭはいらない、という強い意志をこれからも継続的に表してゆかなくてはならない。

二〇一〇年一〇月、環境の歴史の一頁となるかもしれない生物多様性条約の国際会議が名古屋で開催される。そしてその会議の前哨戦ともいうべきＭＯＰ５をいかに有意義なものにできるか。その一役を担うのが、私たち市民であることを深く心に念じておきたいと考える。

（文責・石川豊久）

■第6章

# 大学の自主ゼミ活動として結成したナタネ調査隊

■金川貴博

## 1　設立の経緯

二〇〇六年に京都学園大学にバイオ環境学部が新設され、一期生が入学したが、先輩学生がいないことから、学部に根ざしたサークル活動がなかった。そこで、まずは教員が主導してサークル活動を作ろうということになって、二〇〇七年四月に各教員がいろいろなサークル（学内では「自主ゼミ」と呼んでいる）を提案した。

私と藤井准教授が共同で提案したのが、遺伝子組み換えナタネを調査するというサークルで、五名の学生が集まり、活動が始まった。最初は教員が指導したが、その後は本来の趣旨どおりに学生たちに自主的に活動をしてもらうことにした。

## 2　活動の内容

以下は、学生たちが作って学内に貼っているポスターの最初の部分である。

「皆さん、遺伝子組み換えナタネを知っていますか？　日本で使われているほとんどの食用油の原料は、遺伝子組み換えナタネなんです。主にカナダから遺伝子組み換えナタネを輸入していて、工場へ運搬して油を搾っています。その途中で、種が落ちて日本で遺伝子組み換えナタネが発芽していま

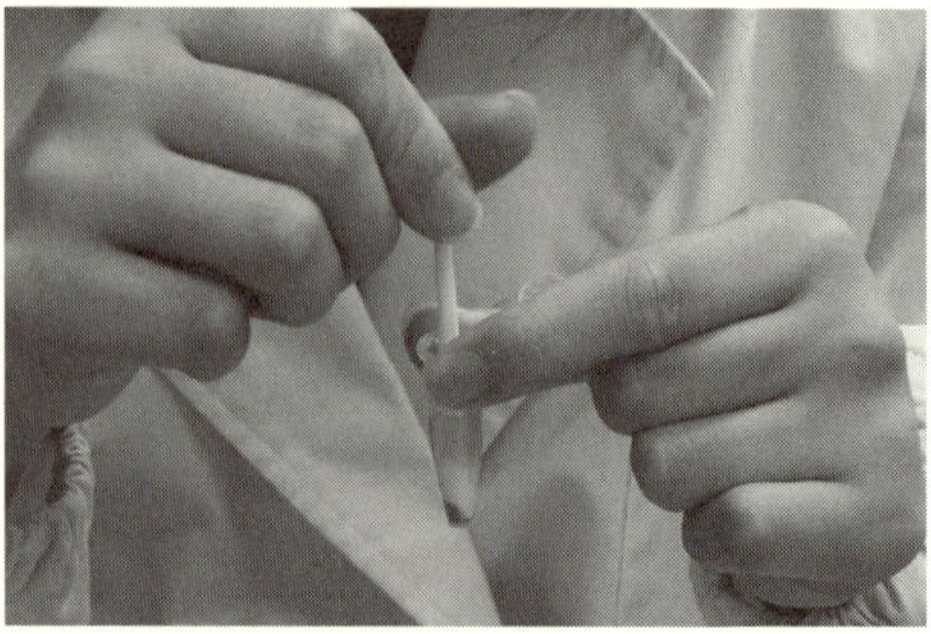

写真１　ナタネの葉からのＤＮＡ抽出
（葉をプラスチック棒でつぶす）

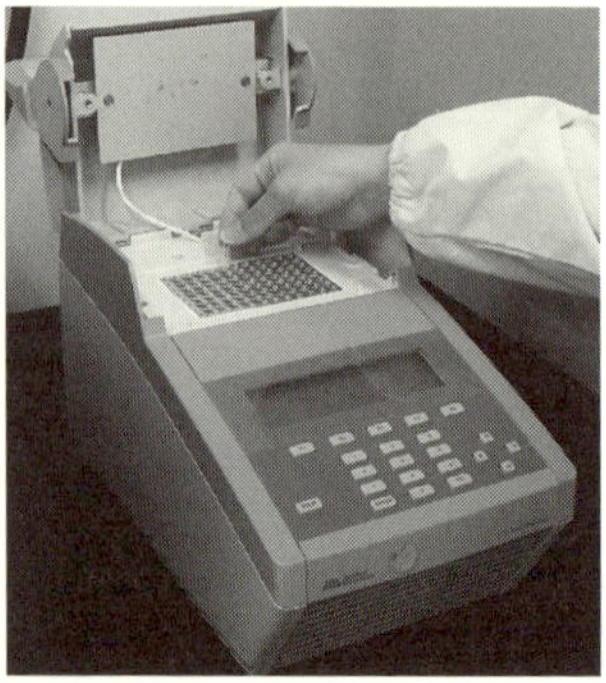

写真２　PCR
（除草剤耐性遺伝子の一部を多量に増やす）

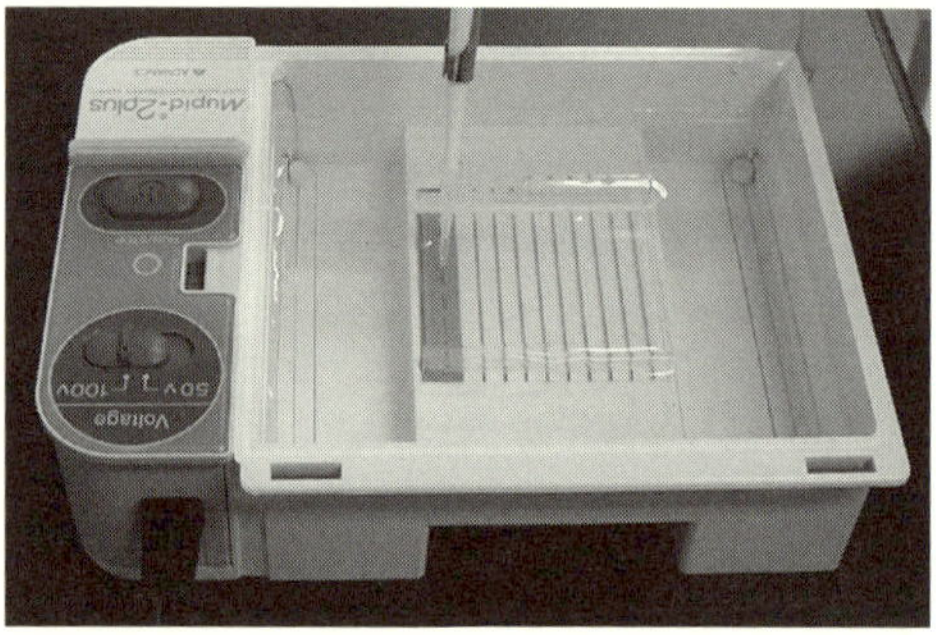

写真３　ゲル電気泳動
（遺伝子の一部が増えたかどうかを調べる）

す。ナタネは、カブやハクサイ、カラシナと交雑しやすいので、落ちて生えた遺伝子組み換えナタネのＤＮＡがカブやハクサイ、カラシナに入るかも知れません。皆さんは、これをどう思いますか？　食べても安全だと思いますか？

　私たちナタネ調査隊は自生しているナタネを採取し、試験紙での検査・ＤＮＡ検査を行なって、遺伝子組み換えナタネを見つけることを目的としています。また理解を深めるため勉強会も行なっています。」

　二〇〇七年一二月には、生協連合会「きらり」の方々と相談をして、ナタネの抜き取り活動に参加させてもらうことと、私たちの大学で行なうＤＮＡ検査のために一次検査陽性のナタネを送ってもらうことをお願いした。そして、二〇〇八年春には、「きらり」傘下の生協「都市生活」と「エスコープ大阪」のナタネ調査に参加した。この調査に参加した種谷さん（ナタネ調査隊代表者（当時））のコメントが「きらり」の広報紙「わっはっは」No.六七に載ったので引用する。

「GMナタネがすでに食用油になっていて、「実際に口にしてたんや」とわかった時はすごくショックでした。私たちの世代は、普通の天ぷら油の約九割にGMナタネが使われているなんて、知らないと思います。ナタネ調査では、GMナタネが何なのか、というところから勉強して、DNA鑑定までやって、楽しかったです。

食べ物に人の手が加えられるのはよくないと思うし、利益優先の社会の中でいろんな問題が出てきていることも学びました。また、「環境に配慮」といった企業のうたい文句をうのみにせず、自分で考えるクセも身についてきたと思います」

この年には、送っていただいた一六検体について、DNA検査を実施し、その結果を「二〇〇八年GMナタネ自生調査全国報告集会in名古屋」で発表した。

二〇〇九年も同様の活動を行なったが、問題が生じた。DNA検査がうまくいかなかったのである。DNA検査は工程が長い。ナタネからのDNAの抽出（写真1）、DNAの精製、PCR（写真2）、ゲル電気泳動（写真3）と四つの工程があって、どこに不具合が生じたのかを突き止めるのが大変であった。

細かいチェックを繰り返した末に、学生たちの努力で、やっと原因がつかめた。そして、何とかDNA検査が全国報告集会に間に合った。

毎年の活動内容は、大きなポスターにしてロビーに貼っており、毎年二～三人の入会者があって、活動が継続している。今後も学生たちの活躍に期待したい。

# ■第7章

# 自生GMナタネを分析して分かったこと

■農民連食品分析センター

在来種のアブラナが日本に渡来し、自生し出したのは、縄文時代から弥生時代にかけての頃で、燈火用燃料としてナタネ油が使われだしたのが、江戸時代の少し前くらいとされる。この頃から、アブラナは、冬場、米の裏作として農家の間で広く栽培されるようになった。明治時代に入り、搾油量の多いセイヨウアブラナが紹介されると、これが全国に広まって、明治から大正・昭和の初め頃までは農家の畑を埋め尽くしていたという。

戦中から戦後へと時代が移る中、ナタネは燃料として、また貴重な栄養源としても、人々に重宝され続けたが、石油ランプ、あるいは電灯が一般家庭に普及してきてから、また戦後、中国やカナダから安いナタネが大量に輸入されるようになった後、日本での生産は次第に減少していった。現在、日本のナタネ自給率はわずか〇・一%となってしまっている。また市場は遺伝子組み換えナタネの栽培にシフトし、輸入されるナタネは概算で六割が遺伝子組み換えナタネに依存する状態にあると予想されている。もはやアブラナの咲く景色が、農村の原風景のひとつとして記憶されていた時代からは遠く離れたところに私達はいることになる。

## 自費による調査活動開始

二〇〇四年六月、農林水産省の調査により、茨城県鹿島港周辺で遺伝子組み換えナタネの自生が報告された。この発表を受け、農民連食品分析センターでは、これまで危惧されていた種子の独占に関わる問題に加え、種子汚染の懸念が現実のものとなり、今後対応を進めていくための具体的な調査活動および情報発信が必要になると考えるようになった。

農民連食品分析センターでは、一九九九年、募金活動により遺伝子組み換え食品検査機器を配備している。これまで、お菓子に含まれる遺伝子組み換え作物の調査結果、遺伝子組み換え不使用表示豆腐の調査結果などを発信してきた。募金で揃えさせていただいたこれらの分析機器は広く活用すべきと考えていた私たちは、自生現象に強い危機感を持ち、二〇〇五年から自費による調査活動を開始した。

ほぼ手探りでのスタートであったことから、まず状況把握に重点を置いて、⑴こぼれ落ちた遺伝子組み換えナタネがどのような生息をしているか、⑵陸揚げ港周辺と運搬路における自生と拡散状況の調査、⑶運搬路周辺にある田畑への侵入状況調査、⑷その他地域における自生の調査、⑸インターネットを中心とした結果と情報の発信・共有、以上を目的とした。

調査方法は、分析センター職員が直接現地に向かって調査をする方法に加え、全国から調査参加者も募り、セイヨウアブラナ（*Brassica napus*）およびアブラナ科と判断できる植物を対象とした。調査開始当初は、セイヨウアブラナとその他のアブラナ科植物の区別が不慣れであったことに加え、まだ一個体も遺伝子組み換えナタネを採取できていなかったこともあり、特徴の認識が甘く、施設に持ち帰ってから、対象とならない個体を採取していたことに気がつく例も幾度かあった。特に、港湾地域のような荒涼とした地域や乾いた道路脇は、アブラナ科植物が優位なためか、あちこちにカキネガラシ、セイヨウカラシナ、イヌガラシなどが自生しており、黄色い花という特徴だけで見間違えてしまうこともしばしばだった。遺伝子組み換えナタネとそうではないアブラナ科植物が交配する可能性を調査する視点からは、これらの品種も対象にすることが望ましかったが、現在に至るまでセイヨウアブラナを中心に採取を行なっている。

## 一日八〇〇キロを超えて移動する日も

「なぜ農民連さんの調査では遺伝子組み換えナタネが見つかるのか」と地元の方に問われることもしばしばあった。これは調査範囲と調査時間、経験が影響をしていると考えられる。私達の調査は、主に車またはバイクを利用し、陸揚げや運搬などがされている場所や道路を広範囲に行なうことにしており、一日の調査距離が一二〇〇キロメートルを越えることもある。また一つの地域にかける調査時間も長いものでは六時間以上かける場合もあり、こうした作業が時には、成果に繋がってきたのではないかと考えている。現在では、開花していなくても、通り過ぎ間際に一瞬見えたシルエットでナタネかどうかが判別できるようにまでなった。ときには、調査ではないときにも道ばたにナタネを探している自分に気づき、ハッと我に返って、苦笑いせずにはいられないこともある。

関東近県の調査は、おおむね二、三名のスタッフで調査に入ることができている。しかし、中国以西は、私達の施設からは遠いため、ゴールデンウィークを利用した長期遠征調査の旅程を組んで対応してきた。取り組み開始当初は、現地の農民連支部に調査を依頼する予定であったが、農繁期であったり、見分けが難しいことなどもあり、現在までスタッフ一名がバイクに調査装備類を積載し、各港湾を野宿などしながら点々として歩いている。

こうした調査は、一日の移動距離が八〇〇キロメートルを越えることも珍しくない過酷な調査になることもあるが、実際に各港湾の自生状況や広がり方などの特徴を確認、記録、体験できたことは大変価値があったと思う。それぞれの港湾の特徴とその地域で調査に関わっている方たちの活動内容によって自生現象の特徴が異なることも体感することができた。産業道路と直結し、なにかと慌ただしい港湾地域の調査にはゴールデンウィークは都合の良いことも多い。港湾にある会社の多くが休業または最低限の業務しかされておらず、交通量も少なくなるため、港湾業務の妨げにならないように配慮することが可能になる。交通量が多い場所で事故などを避けて行なうことができるメリットも大きい。

## 調査と判定の方法

これまでに調査対象にした地域は、(1)財務省貿易統計で陸揚げ実績がある港湾地域、(2)日本植物油脂協会会員でナタネを利用した搾油工場がある地域、(3)港から搾油工場までの運送路と考えられる道路周辺、(4)運送路周辺の田畑、河川敷、(5)一般参加者による調査地域としてきた。調査期間は、在来のアブラナ科植物が開花する時期に合わせた三月から六月とした。発見した個体は、調査ルートと採取地点をGPSまたは地図に記録したのち、対象個体全部（個体が大きすぎるものは一部）を採取した。採取に際しては、汚染や拡散などを引き起こさないよう丁寧に袋詰めして試験室へ持ち帰るよう心がけている。サンプルの劣化や損傷が起きやすい長期遠征調査では、調査地域周辺で、注意深く前処理を行ない、簡易試験のみを完了させることもあった。

一般参加者による調査は、二〇〇六年から開始した。申込者に試験紙を送付し、採取した個体を自らの手で検査、報告

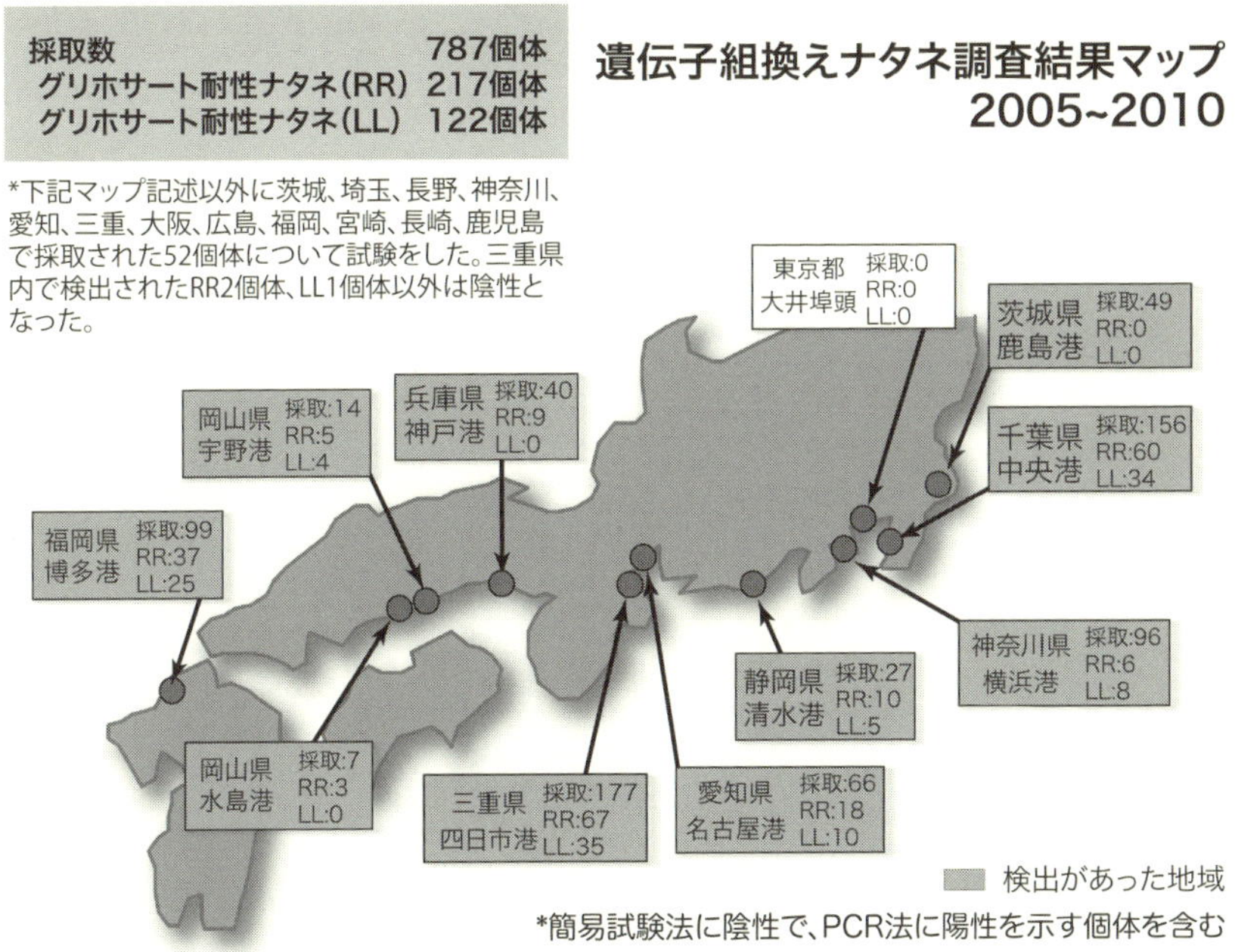


していただく方式としていた。しかし、試験紙が大変高価であるため、二〇〇六年から二〇〇七年まではグリホサート耐性ナタネ確認用試験紙のみの調査となっていた。二〇〇八年からは「ストップ遺伝子組み換え汚染種子ネット」の協力があり、一般参加者もグリホサート耐性ナタネおよびグルホシネート耐性ナタネ両方を対象とした調査ができるようになった。

調査の対象とした品種は、モンサント社が販売する除草剤ラウンドアップに耐性を持つタイプ（以下、グリホサート耐性ナタネ）、バイエル・クロップサイエンス社が販売する除草剤バスタに耐性を持つタイプ（以下、グルホシネート耐性ナタネ）の二タイプとした。グリホサート、グリホシネートは、それぞれの農薬の主成分である。判定は、イムノクロマト（ラテラルフロー法）を利用し、除草剤耐性形質発現タンパク質を検出する試験紙（ネオゾーン社製、ＳＧＩ社製）を簡易試験法として採用した。さらに、確認試験として、採取試料の遺伝子を鋳型に、除草剤耐性形質発現遺伝子（EPSPS配列、bar／PAT配列、遺伝子組み換えナタネ特異配列）を検出するＰＣＲ法を採用した（写真１）。確認試験では、必要に応じて、雄性不稔（barnase）、稔性回復（barstar）、プロモーター（FMV,PSsuAra）遺伝子についても試験を行ない、ある程度、品種の絞り込みも行なっている。なお、試験開始当初は、除草剤耐性品種Oxynil系のタイプも試験していたが、費用と時間の都合で、現在は行なっていない。

調査を開始した当初は、採取作業と平行して、ＰＣＲ法に用いる効率の良いプライマー開発からのスタートとなった。いくつかオーバーラップする品種もあるが、名称だけで数えると一五品種ほど存在していた。当時、それぞれの品種に関わる配列情報は潤沢ではなかったのに加え、通常業務の傍らの作業であったことから、苦労と工夫が必要だったのを記憶している。プライマー開発の大まかな流れとしては、アメリカ特許庁に公開されるプラスミドや配列情報などを参考に、ジーンバンク（遺伝子銀行）から得られる配列、農林水産省、厚生労働省で公開される文書などを元に行なっていた。また、プライマーの設計などはできていても、確実な遺伝子組み換え個体の入手が困難で、開発したプライマーが、有効であるかどうかの確認ができるまでに時間と費用を要したことも記憶している。この課題は千葉港で大量採取された遺伝子組み換え個体とFluka社のポジティブコントロール品の入手により解決することができた。現在、ＰＣＲ法でのスクリーニング試験にはマルチプレックスＰＣＲによる二品種の同時検出が可能になり、低コスト化と迅速化が実現できている。

調査データを多くの人と共有するための工夫にも取り組んできた。調査開始当時は遺伝子組み換えナタネの自生現象はあまり知られていなかったため、インターネットにより調査情報が閲覧できるサービスを提供した。ひとつはGoogleMapおよびGoogleEarthによるオンラインマップ化で、ブラウザ上から手軽に調査地域やルート、採取地点、検出された遺伝子組み換えナタネのタイプが確認できるようにした。もう一つは、遺伝子組み換えナタネ自生地域に立ち寄れない人にも、現地状況が直感的に共有できるように調査ビデオを記録し配信するサービスを用意した。現在、動画配信サービス「iTunes Music Store」および「Youtube」で二〇〇六年から二〇〇七年までに行なったビデオを見ることができるようになっている。

## 突きつけられた課題

六年にわたる調査の中でわかってきたことは、⑴遺伝子組み換えナタネは外観での区別はできるものではなく、⑵高価な試験方法に頼らなければいけないこと、⑶陸揚げ港から長距離運搬が行なわれる地域において顕著かつ恒常的であること、⑷こぼれ落ち対策や抜き取り作業の効果が確認される一方で、そうした対策を講じても自生は発生しうること、⑸交雑種と考えられる個体が存在していること、⑹著者らの判定法で判定困難な個体が存在すること、などがあげられる。

⑸、⑹の結果は、調査開始当初とは状況が変化してきていることをしめすもので、今後の対応を真剣に考えなければい

けないといえる。ここ二、三年で、同様の特徴を示す個体は増える傾向にある。特に簡易試験法に陰性であっても、ＰＣＲ法には陽性を示す個体が目立つ。簡易判定試験紙は、組み換え遺伝子によって作り出された除草剤耐性形質を発揮するタンパク質を直接的に検出するものである。この試験法で陰性を示す個体は除草剤耐性を持たないことになり、上述の二除草剤の散布に対して耐性を示すことなく枯れてしまい、一見すると普通のタイプのナタネと変わらない個体として見えてしまうだろう。しかし、組み換え遺伝子を一部または全部を持っており、隠れ遺伝子組み換え個体ということになる。このような個体の存在は、今後の市民グループなどによる調査活動に課題となっていくといえる。

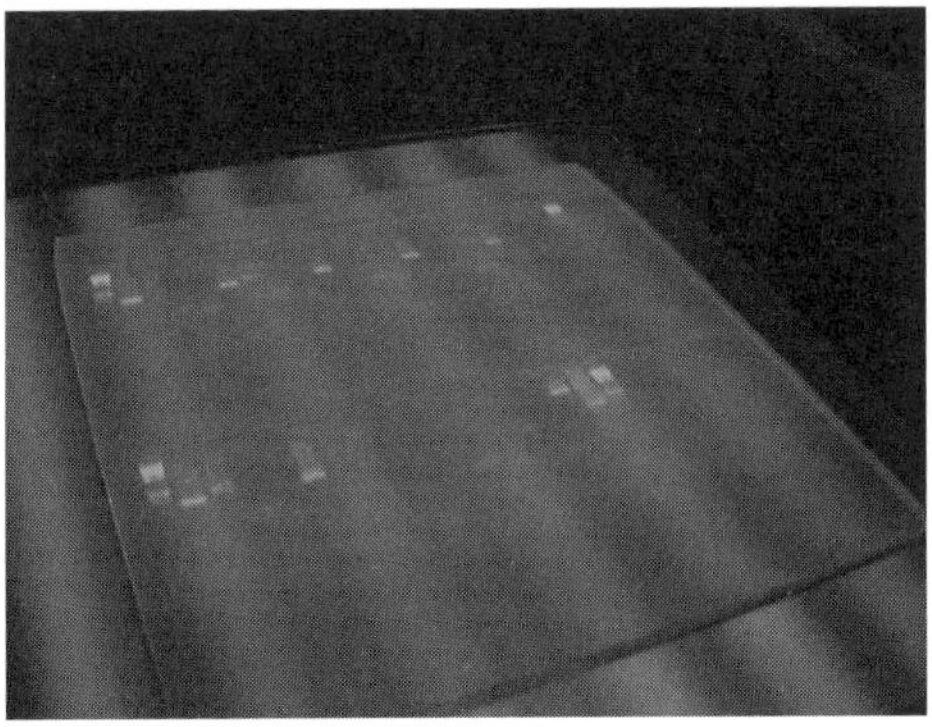

写真１　PCR 法による鑑定

このように配列を持っていながら、発現しなくなったと考えられるタイミングが、いつ、どこなのかはまだ十分に調べられてはいない。仮に栽培地のカナダで、親の個体が同様の特徴を持っていたのであれば、栽培時に散布される除草剤によりすでに枯れてしまっていることになり、この個体の種子はできず、同時に日本に届くこともない。おそらく、親の個体が結実した際、遺伝的な変化が起き、それを収穫、輸入したものが日本で自生しているのか、組み換え遺伝子を持った種子が日本国内で自生し、世代を重ねるうちに発現しなくなった、などを予想している。

そもそも組み込まれた除草剤耐性発現遺伝子は、本来、ナタネになかったものであることを考えれば、その働きによって耐性タンパク質を大量に生成することは、植物にとっては代謝の中で利用できるリソース配分を取り合うことになり、負担になっている可能性はある。実際のところ、組み換え遺伝子を持つ品種はすこやかに成長していることから、これらの代謝がどの程度、植物体の負担になっているかについてははっきりしていないが、除草剤耐性を発揮するための代謝による負担を減らそうという作用が働き、組み換え遺伝子に対して変化を起こし、それがこうした個体の誕生に繋がっているという可能性についても、いくつかの知見をいただきながら考えている段階である。

遺伝的変化が起きることは調査開始当初はあまり予想していなかった。加えて最近は他品種間交雑の可能性も報告されており、遺伝子組み換えナタネの自生現象が年々変化してきていることを認識させられている。こうした動向を踏まえれば、今後も調査をつづけ、データを採取する必要性は変わらないといえる。しかし、これまでの調査を振り返れば、それには大変な労力と資金が必要であることを痛感しており、この負担を軽くするためには、遺伝子組み換えナタネの生産や輸入に対する課題の指摘はもちろん、こうした種子や種子を利用して製造された製品などの運搬流通経路の情報公開とそれらを集中管理する仕組みの整備が欠かせないといえる。そうした取り組みも進めていく必要があると考えている。

以下、各港湾における特徴、傾向を述べる。

## 各港湾における特徴と傾向

### 千葉中央港周辺

千葉中央港はナタネの輸入量では全国三位（二〇〇九年）の規模となっている。千葉港中央にあるサイロに陸揚げされたナタネは、北東の方角にある搾油会社までおよそ一〇キロメートルの運搬ルートを運ばれる。私達が調査を始めたのは二〇〇五年からで、そのときの調査では、運搬ルートから大きく離れた場所にあたるサイロ対岸の岸壁で、遺伝子組み換え個体の群落を発見し、驚いたことを記憶している。皮肉にもこの時採取した個体が、試験技術の確立に大きく活躍し、現在に至っている。千葉中央港における最近の傾向では、自生数が目に見えて減ってきていること、個体が小さくなっていること、があげられる。これはこぼれ落ち対策として行なわれている、積載率を減らす、こぼれ落ち防止カバーの取り付けなどが効果を上げているほか、抜き取り作業の結果と考えられる。それでも自生やこぼれ落ちをゼロにするというのは難しいようで、工場周辺では、双葉程度の個体を容易に確認することができる状況は変わっていない。このほか新港側での検出も記録が残っている。こちら側には搾油工場があるが、ナタネを利用した製品を製造しているかは分かっていない。

### 横浜港磯子周辺

横浜港におけるナタネの輸入トン数は全国一位（二〇〇九年）で、主に油脂原料として利用されていると考えられている。二〇〇六年から神奈川県横浜市磯子区にある搾油工場周辺から産業道路沿いの地域を中心に調査してきた。調査開始年は、手始めとして大黒ふ頭を中心にした調査を行なっていたが、遺伝子組み換えナタネは検出されず安心していた。ところがその年の調査終了間際に、一般の調査参加者から、動物検疫所近くで簡易試験に陽性になる個体を検出したという報告が届き、認識を改めさせられた。翌年から検出のあった地域を中心とした調査活動に入っている。全体として採取できる個体数は多くないが、遺伝子組み換えナタネの検出は毎年続いている。主に産業道路沿いで見つかるが、その発生源や運搬ルートがどのようなものなのかはよくわかっていない。

検出が認められる場所の傾向から、搾油工場や飼料会社から運搬する際のこぼれ落ち、前年の個体の落とした種、運搬車が休憩時などに停車した場所などが予想されている。

## 清水港周辺

二〇〇六年から調査を開始して以来、毎年、北側の搾油工場、南側の飼料工場周辺で遺伝子組み換えナタネが検出されている。清水港にある搾油工場はアンローダーと併設しており、陸揚げされた原料はそのまま敷地内で加工されているようで、敷地外にナタネが運搬される機会は少ないとみられる。こうした理由からか、例年、採取される個体数は少ない。しかし、工場につながる国道一五〇号や静清バイパス付近でも遺伝子組み換えナタネが確認されることがある。これらは搾油工場から出入りする車両によるこぼれ落ち、また、南側に位置する飼料会社関連施設からの運搬により、自生が起きていると考えている。

## 名古屋港周辺

二〇〇五年から調査を開始した地点で、名古屋港汐見埠頭にある搾油会社、飼料会社周辺で顕著に遺伝子組み換えナタネが検出されている。年々、採取できる個体数が減っている傾向がある。二〇〇七年に、汐見埠頭の南側にある北浜町へ調査範囲を広げた際、遺伝子組み換えナタネを検出し、こちらの地域にも自生が起きていることを確認した。これらの個体は北浜町にあるサイロへの陸揚げと運搬によって起きていると考えられる。二〇一〇年、遺伝子組み換えナタネを検出した道路で見かけた穀物運搬トラックの後を追跡したところ、汐見埠頭の飼料会社と北浜町のサイロ間、およそ一五キロメートルをピストン運送しているルートが存在することを確認した。この一五キロメートルの行程のかなりの部分が、自動車専用道路で、駐停車ができないため個体を採取する調査ができていないが、道路沿いにセイヨウアブラナが自生していることを目視で確認している。また、北浜町周辺はセイヨウカラシナの群生と遺伝子組み換えナタネが高い頻度で混生していることから、交雑種の発生が心配される。

### 四日市港周辺

調査を始めた二〇〇五年以来、調査対象地域として毎年訪問している。さまざまな報告で聞いてはいたものの、現地の広範囲な自生状況に衝撃を受け、この現状を伝えたいと必死にビデオカメラをまわしていたことを記憶している。ナタネの陸揚げと輸送トラックへの積載をする港湾部から、国道二三号線、搾油会社周辺でまんべんなく遺伝子組み換えナタネが検出される。バイクや車で調査に入っているが、走りだしては停車、走りだしては停車という繰り返しには、ほとほとうんざりさせられた。輸入トン数はそれほど多くはない全国九位（二〇〇九年）にもかかわらず、このように採取数、検出数が他地域に比べて群を抜いているのは、運搬ルートがおよそ四〇キロメートルにおよぶためといえる。近年の調査では、搾油工場周辺の麦畑やあぜ道内での自生も確認している。麦畑内に自生している個体は、私有地にあたるため立ち入って調査することはできないが、おそらく遺伝子組み換えの個体も存在していると考えられる。この個体の種子は、やがて麦に混ざるようにして収穫され、一つの袋に収まることになる。これを選別機に通し、麦と異物を分ける処理をすると、ナタネの種子は、異物分画に含まれると考えられる。これら一連の作業をした農家が、異物側をどう処理するのかによって、思いがけない場所に遺伝子組み換えナタネの群落が発生する可能性もあるだろう。

### 神戸港周辺

二〇〇六年から調査対象としている。採取される個体数は、ナタネの輸入トン数第一位（二〇〇九年）にもかかわらず、他地域より少ない傾向がある。搾油工場と飼料会社がある深江浜埠頭での検出例が多い。道路上などで自生している個体の種がどういうルートで運ばれ、こぼれ落ちているのかはよくわかっていない。住吉浜町には大手搾油会社があるが、工場近辺での検出はあまりなく、そこからわずかに東へ移動した六甲アイランドをつなぐ高架下での検出が定期的に認められている。この場所には大手運送会社があり、そのトラックから落下したものが自生しているのではないかと予想している。いまのところ住吉浜から大阪まで、高速道路を利用する穀物運搬用ルートがあることを確認しているが、このルート沿いではナタネの自生は確認できておらず、荷種はナタネではないのではないかと予想している。

### 宇野港周辺

岡山県では、水島港と宇野港の二つで陸揚げ実績が記録さ

写真２　博多港では多量の落ちこぼれ種子を見出した。

れている。そのうちの一つ宇野港では、少ないながらも遺伝子組み換えナタネの検出が認められている。四国高松行きのフェリー乗り場から、やや東に進んだ運河沿いに搾油工場があり、この工場で生産される油脂の原料として陸揚げされたものと考えられる。

工場の規模は他地域に比べ小さいが、小型のアンローダーが併設されており、どこかの港で、大型運搬船から小型運搬船に載せかえ運んできたナタネを直接陸揚げしているようで、運河の入り口には数隻の小型運搬船が停泊している光景がみかけられる。遺伝子組み換えナタネが採取されるのは運搬船が停泊する岸壁周辺や会社入口付近が多い。二〇〇七年の調査では工場から五キロメートルほど離れた道路沿いで組み換え個体を検出している。

### 水島港周辺

陸揚げ実績が記録されているため、二〇〇七年から継続的に調査を行なっているが、搾油会社や飼料会社の周辺で西洋ナタネと確認できる個体は、ほとんど観察されない特徴がある。確認されるのはヤブガラシが多い。輸入トン数は自生状況が顕著な福岡博多港よりも多いにもかかわらず確認できないのは、静岡清水港同様、陸揚げ後、敷地内で製品化作業が完了するため、敷地外へ種子がこぼれ出る機会が少ないためではないかと考えている。二〇一〇年に行なった調査で、初めて三個体のグリホサート耐性ナタネを検出した。搾油会社や飼料会社に近い場所であるため、どちらかからこぼれ落ちたものと予想している。

### 博多港箱崎埠頭周辺

福岡県グリーンコープより現地状況を聞き、二〇〇七年から調査を開始した。自生が起きているのは、搾油工場、運送会社などがある箱崎埠頭が中心となっている。

埠頭内はあちこちにナタネが自生しており、丸いマンホールの外周を緑色に縁取るようにして、ナタネの双葉がびっしり生えている場所などもあり、運搬時のこぼれ落ち量がかなりのものであることが確認されている（写真2）。遺伝子組み換えナタネの検出率も高い。箱崎ふ頭にはアンローダーがあり、ここで陸揚げされたナタネは併設する搾油工場や運送会社のサイロに入る。運送会社ではこれをトラックに積載し、運搬を行なっていることがわかっているが、その運送先などはどれぐらい広範囲であるかは確認できていない。これまでの調査では、遺伝子組み換えナタネが検出されるのは港湾周辺だけではなく、埠頭から国道三号を南東に二〇キロメートルほど移動した場所でも毎年検出されている。箱崎ふ頭と国道三号線を利用した運送ルートがあるのか、以前まであったのではないかと考えている。

個体数の多さから、交雑しやすい環境にあるのか、二〇〇七年には、グリホサート、グルホシネート両方の耐性発現遺伝子をもつ個体が確認されている。また、二〇〇九年には、簡易試験とＰＣＲ法による確認試験結果が一致しない新たな個体の存在も確認されている。

（文責・八田純人）

# 第Ⅲ部　生物多様性条約とカルタヘナ議定書

■第1章

# 生物多様性条約とは？　カルタヘナ議定書とは？

■遺伝子組み換え食品いらない！キャンペーン

## 1　生物多様性条約は、自然を包括的に保護するのが目的でつくられた

いま地球上にある生物種は、三〇〇〇万とも五〇〇〇〇万ともいわれ、私たちがその存在を知らない生物種が大半を占め、莫大な数が存在している。年々その生物種の滅びる数が増え続け、現在、年間四万種が滅びていると推定されている。その失われつつある生物多様性の損失のスピードを減速させ、豊かな自然を取り戻そうということで、生物多様性条約が作られた。

これまでにさまざまな自然を保護するための国際条約がつくられてきた。湿地保護のためのラムサール条約、世界遺産条約、ワシントン条約、二国間渡り鳥条約などであるが、それぞれの分野に分かれていた。しかし、自然全体を保護する条約がないことから、切望されていたのが、この条約である。一九九二年にリオ・デ・ジャネイロで開催された「環境と開発に関する国連会議」、いわゆるリオ・サミットで、この条約が署名・成立したが、この時ちょうど地球環境問題が注目されていた時期に当たり、他にも地球温暖化対策を目的にした気候変動枠組み条約も署名・成立した。リオで開催されたのも、アマゾンの熱帯雨林の保護が緊急の課題だったからである。NGOはこの条約を「地球の命を守る条約」といって重要視している。

なぜ生物多様性を守ることが、自然全体を保護することになるのだろうか。一つの生物種が存在するためには、多数の生物種が必要である。私たち人間も多数の生物種を食べ物としていただいて生きているが、他の生物種も同様である。また、人間はすべての人の顔が違うが、このような種の内部の多様性も大切である。画一的だと、何か病気や災害が起きたときに全滅する可能性があるからだ。

生物多様性の基本は、種の多様性にある。犬からは犬しか生まれない。猫からは猫しか生まれない。これを種の壁という。生物多様性条約では、とくに遺伝子組み換え技術の規制や管理を求めている。それは、この技術がその種の壁を越えて他の生物種の遺伝子を入れるため、生物種の多様性を脅かすからである。

## 2　生物多様性を守る基本は予防原則

生物多様性の崩壊は、砂山の崩壊にたとえることができる。例えば、円錐形の砂山は、わずかでも下の部分を削ると、上から崩れ落ちていく。これと同様にひとつの生物種が滅びると、連鎖的に他の生物種も滅びる。

多様性崩壊の事例として、ドードーという、「不思議の国のアリス」に出てくる鳥がいる。ダチョウみたいな形をしていて飛べない。モーリシャス諸島に住んでいて、のんびりしていたものだから、オランダ人がやってきて、捕獲して食べたり毛を売ったりして、絶滅してしまった。その結果、モーリシャス諸島で独自に自生しているカルバリア・メジャーと呼ばれる樹木が少なくなり、自然が完全に壊れてしまった。というのはドードーが好んで食べるこの木の実は、ドードーの糞と一緒に落ちた種子しか生えてこないからである。この死の連鎖ともいえる、同様の事態が、地球上の随所で起きている。

この砂山の崩壊から地球を守るために、生物多様性条約が作られた。この条約がうたっているのが「予防原則」である。環境は、破壊されてからでは元に戻らないため、あらかじめ予防することが大切だという原則である。この原則は、食の安全でも生かされている。というのは、疑わしい段階で対策を立てないと、手遅れになる可能性があるからである。この原則はヨーロッパでは重視されているが、日本では軽視されてきた。このことが、後で述べる遺伝子組み換え作物の規制でも問題になってくる。

この条約は、同時に署名・成立した気候変動枠組み条約と車の両輪となって、地球環境を守るはずであった。しかし、現実はそうはならなかった。その最大の要因が、ほとんどの国・地域が締結・批准している両条約に、最大の環境破壊国・米国が入っていないからである。

## 3　温暖化加速と生物多様性崩壊は密接な関連

気候変動枠組み条約と生物多様性条約が車の両輪になって、地球環境を守るはずだった、と述べた。この両者の間には密接なつながりがある。生物多様性条約がもっとも緊急の課題としたのが、アマゾンなどの熱帯雨林の保護であった。そこはもっとも生物種が多く、遺伝資源の宝庫であると同時に、大量の二酸化炭素を吸収し、酸素に変えるところであり、地球温暖化対策の要の位置にある。

米国は当初、二酸化炭素排出量が多い自国への風あたりを弱めるために、気候変動枠組み条約にそっぽを向き、地球温暖化の最大の原因は熱帯雨林の伐採にあるとして、熱帯雨林保護を主張した。しかし、生物多様性条約をめぐる議論が、先進国批判を強めたことから、結局、この条約の締結を拒否したのである。

このように生物多様性が奪われると、温暖化が進む。逆に温暖化が進むと、生物多様性が奪われる。すでに温暖化が加速し、海面の上昇が起き多くの生命が失われたり、氷が溶けて北極や南極の生物が生き難くなったりしている。今後、温暖化で起き得る一番大きな問題は、生物の移動である。マラリアを媒介するようなハマダラカが北上し、日本本土にまでやってくるのではないかと考えられるように、生物の移動が起きる。

この移動についてダーウィンは「種の起源」の中で、気候が変わると、生物が一緒に移動すると考えたが、最近の科学的調査で、移動が生物種によってバラバラだということが分かった。一緒に移動すれば、その生物が餌とする生物も一緒に移動するため、それほど影響を受けない。ところが移動するスピードや方向がバラバラだと、餌を失ったり、共生している生物と引き離されて、種が次々と滅んでいく。そのため温暖化によって、生物多様性は劇的に影響を受けるだろうと予測されている。このように温暖化と生物多様性崩壊は密接なつながりがあるといえる。

## 4　誰が生物多様性を破壊しているのか

アフリカ中部ヴィクトリア湖に棲む豊かな魚を糧に、多くの人が暮らしていた。そこに、タンザニアの首都ムアンザにあるインド人が経営する企業が外来魚のナイル・パーチを放ち、その魚を世界に輸出し始めた。その魚は日本にも入って来て、お弁当、学校給食やレストランなどで白身の魚として用いられるようになった。そのナイル・パーチが、在来魚を次々と駆逐していったのである。生物多様性が奪われ、貧しい湖になり、その多様性を糧に生きていた人々の生活の基盤が奪われ、貧困のどん底に追いやられた。中でも悲惨だったのは女性たちで、ムアンザに出て身を売る商売で糧を得、エイズに感染して死亡する人が相次いだ。この悲劇は、映画『ダーウィンの悪夢』で描かれた。生物多様性の崩壊は、このように貧困をもたらし、先住民や女性たちに多くの悲劇をもたらしている。

ブラジル・アマゾンでは、木材生産、牛肉生産のための牧畜、大豆畑、バイオ燃料用サトウキビ畑の拡大で熱帯雨林の消失が加速している。南アジアでもパームオイルなどのプランテーション開発のために、熱帯雨林の伐採が進んでいる。その結果、その地で生活してきた人々の生活基盤や文化が奪われ、地域のつながりがズタズタに切り裂かれている。このように生物多様性が失われると、人々の生活が奪われ、共同体の絆が切りさかれ、文化が崩壊し、弱い立場にいる人々にとくにしわ寄せされている。

生物多様性をもっとも破壊しているのは、多国籍企業であり、グローバル化した経済の論理である。その多国籍企業はいまや、私たちの生命の営みになくてはならない、水や農地、種子、漁業権、森林などに触手を伸ばし、その支配をもくろんでいる。その草刈り場にあるのがアフリカである。例えばウガンダは、このままいくと二〇三五年には一人当たりの水の量が危険水域を割り込み深刻な水不足に陥り、半世紀もたたないうちに森林伐採によって国土の八〇％が砂漠化し、種子はモンサント社など多国籍企業の提供したものになると予測されている。

ＦＡＯ（国連食糧農業機関）と世界銀行は、西アフリカから南アフリカの間に四億ヘクタールもの農地の適地があると発表した。そこには多様な生物があり、その恩恵に浴しながら人々が暮らし、独自の文化を形成している。それを破壊して農地に変え、先進国の食料供給基地にしようというのである。

## 5　締約国会議は南北対立の場

生物多様性は、自然保護の大事な考え方であるが、生物多様性条約は、途上国の主張が入れられ、単なる自然保護の条約ではなくなった。例えば熱帯雨林の保護を先進国は主張した。これに対して途上国は、自然保護を押しつけ、経済発展を阻害するのか、と主張し先進国と対立した。その議論の過程で特に問題になったのが、先進国が熱帯雨林などから資源を持ち去り、医薬品などを開発して特許をとり、世界中に売り込んでいることである。

たとえば、マダガスカルで人々が病気の治療に用いていたニチニチソウを利用して、米国のベンチャー企業イーライ・リリー社が癌の治療薬を開発し利益を得た。先進国企業が、勝手に資源を持ち去り利益を得ても、資源国には還元されてこなかった。先進国は開発努力や知的所有権の権利を主張した。それに対して途上国は、先進国が得た利益を還元すべきだと主張した。先進国のこういう行為をバイオパイラシー（生物学的海賊行為）という。

南大西洋にトリスタン・ダ・クーニャ島という孤島があり、そこに住む人の三分一がぜんそく持ちである。その地にカナダの大学の研究者が乗り込み、人々から血液を採取し、ぜんそくの遺伝子を突き止めた。その研究にお金を出していたのが米国のベンチャー企業で、その遺伝子を特許にして、医薬品開発を行なった。しかし、そこで得られた利益は一切、血液を採取した島の人々には還元されなかった。

このような事例は、枚挙に暇がない。西アフリカのベリー品種ブライゼリンの果実から取りだした甘い成分を、米国の研究者が特許にしてしまった。食品添加物として広く使われているコチニール色素は、もともと中南米の人たちが染色に用いていたものである。

世界規模でこのような海賊行為が起きており、それに対して途上国は利益の還元を求めた。それがＡＢＳ（Access and Benefit Shearing）問題、すなわち遺伝資源から生じる利益の配分問題である。利益を途上国に還元する仕組みを作ろうというのである。生物多様性条約締約国会議での最大の論争点のひとつである。厳しく還元を迫る途上国と、できるだけ小さく押さえようとする先進国の間の対立が激しく、予断を許さない状況にある。どのように決着が図られるのか、注目される。

## 6　遺伝子組み換え生物への規制を求めた

生物多様性条約は、遺伝子組み換え生物（ＧＭＯ）など生命を操作した生物（ＬＭＯ）について、特別な規制を求めた。その規制のために作られたのが、カルタヘナ議定書である。コロンビアの都市カルタヘナで議定書作りが進められたことから、この名がつけられた。

遺伝子組み換え技術は、種の壁を越えて他の生物の遺伝子を導入する。生物がもつ多様性の基本は、種の壁にあり、その種の壁を壊す技術であり、生物多様性に脅威を与えるとして、特別に規制を求めたのである。条約は、大枠を定めているが、議定書は具体的であり、実効性を求めている。

議定書は国際条約に基づくものであるから、国際間の移動に焦点を当てている。そのため、この議定書では遺伝子組み換え食品の輸出入のような国際間の移動を規制している。その具体的な規制のあり方として、実際に汚染や経済的な損失などの被害を引き起こした際に、誰が責任を負い、どのように修復したり、損害賠償を支払うのか、という点が焦点になってきた。カルタヘナ議定書は、第二七条で遺伝子組み換え作物などを輸出した際に問題を起こした時の責任の取り方、修復・賠償の方法などを、四年以内に確立するよう求めている。本来ならば、すでに存在しなければいけないその仕組みが、未だに確立していない。

二〇〇八年、ドイツのボンで開かれた第四回締約国会議（MOP4）で「次回の開催国の日本は敵対的なホスト国である」「名古屋以外の地で行なうべきである」というNGOのビラが撒かれた。それは、この責任と修復の問題をめぐり、食料輸出国と輸入国の間で対立が起きていたが、日本は食料輸入国であり、本来ならば厳しい規制を求めなければいけないはずである。にもかかわらず米国や多国籍企業の代弁をして、規制を弱めようとした上に、大枠が決まりかけていた際、その合意を妨げてしまったからである。

結局この責任と修復問題は、名古屋で開かれる第五回カルタヘナ議定書締約国会議（MOP5）まで持ち越され、この会議での最大の争点になったのである。

## 7　遺伝子組み換え作物が奪う生物多様性

遺伝子組み換え（GM）作物が栽培されてから一五年が経ち、米国・アルゼンチンなどの作付け国でさまざまな問題が発生している。現在、GM作物は主にナタネ、大豆、トウモロコシ、綿の四種類、GM技術がもたらす性質としては殺虫性と除草剤耐性の二種類が栽培されている。

殺虫性作物というのは、殺虫毒素が作物の中にでき、虫が作物を食べると死ぬ仕組みにしたものである。そのため、殺虫剤を撒かなくてすむというのがセールスポイントである。ところが、殺虫毒素で死なない害虫が増えたり、害虫の生態系が変化し新たな害虫が増え、殺虫剤の使用量が増えている。

除草剤耐性作物は、ラウンドアップのような植物をすべて枯らす除草剤に抵抗力を持たせた作物である。そうすると除草剤を撒いた時に、作物以外の雑草がすべて枯れるため、除草の手間がかからないということで開発された。ところが除草剤を撒いても枯れない雑草が増え始め、他の除草剤を使うか、手や機械で刈らなくてはいけなくなっている。抗生物質と耐性菌の悪循環と似た構造になっている。

アルゼンチンの場合、畑の大半が除草剤耐性大豆になってしまい、除草剤を一斉に撒くため周囲の植物が枯れ、そこにやってくるはずの昆虫や動物がこなくなり、生態系が大きく崩れはじめている。同時に、除草剤が人の住んでいるところに飛散し、子どもたちを中心に住民の間で癌などの病気が多発している。

さらには野生植物や原生種、在来種への遺伝子汚染が起きている。メキシコはトウモロコシの原産国である。ここにＧＭトウモロコシが広がり、汚染が起きている。汚染が起きると、原生種自体が影響を受けて滅びる可能性もある。

昆虫への悪影響も報告されている。例えば蜜蜂が殺虫性作物の花の蜜を吸ったときなど、影響を受けることが報告されている。殺虫毒素が水の中に入ると、水生生物に影響が起きるという報告も出ている。このように生物多様性を破壊しながら、ＧＭ作物の栽培面積は拡大しているといえる。

## 8　多様性保護を放棄した国内法

カルタヘナ議定書は、国内法制定を求めている。日本政府もカルタヘナ議定書批准を受けて、カルタヘナ国内法（担保法）を作った。しかし、この法律は最初から、これでは生物多様性を守ることができない、と批判されるような、お粗末な内容だった。問題点を見ていくことにしよう。

生物多様性条約やカルタヘナ議定書は、最初に予防原則が謳われている。ところが日本政府は、国内法を作る際に、予防原則は貿易障壁になる可能性があるとして、とらないことを決めた。何よりも、経済を優先したのである。

人々の健康についても、法律の対象から外した。生物多様性条約では、「生物」を定義しているが、そこには人間も含めたあらゆる生物と規定されている。事実、ＥＵの域内法では、人々の健康がきちんと含まれている。また、食品の安全性についても対象外ということで外し、法律の範囲を実に狭く限定したのである。これは、環境や人々の健康よりも経済を優先し、米国政府や産業界の意向を大事にした結果ということができる。

しかも、遺伝子組み換え（ＧＭ）作物を認可しやすくするために、生物多様性影響評価の対象を限定し、交雑を起こす野生の植物種に限定した。まず農作物を対象から外した。当然のことながら、昆虫や鳥などの動物への影響評価もごく一部にとどめ、基本的には外してしまった。そのためＧＭ大豆の評価は、交雑を起こす野生種はツルマメ一種類しかなく、それへの影響評価だけで、承認されてしまったのである。

実際に、生物多様性への影響評価は、どういうことを行なわなければならないのか。例えばナタネは、カラシナなど多くのアブラナ科の作物と交雑を起こす。農作物を通した遺伝子汚染の拡大を防ぐことが必要である。またＧＭ技術は、農法の変更をもたらす。例えば、除草剤耐性作物の場合、ラウンドアップを無差別に、大規模に、一斉に撒く農法に変える。そうすると、周辺部分の植物も枯れ、鳥や昆虫も来なくなってしまう。現在対象外の、そのような影響評価も必要である。

またGM作物は大規模農法に向いているので、同じものを大量に植えるモノカルチャー化による影響も起きる。そのような評価も必要である。カルタヘナ国内法の抜本的な改正が必要な所以である。

農水省は、カルタヘナ国内法ができた際に、それまで独自に運用してきた指針が廃止されるため、新たな指針を作成した。その中で、GM作物を栽培すると花粉が飛んで影響を与えるため、隣の畑との隔離距離を設定したのである。しかし、この隔離距離が実に甘かった。北海道で行なわれた交雑試験では、稲では六〇〇メートル離れたところでも交雑が起きた。ところが農水省の指針が設定した隔離距離は、わずか三〇メートルである。きわめて非現実的な距離といえる。この指針もまた、抜本的な改正が必要である。

## 9　環境保全型農業が生物多様性を守る

生物多様性を守るために、さまざまな自然保護団体が活動している。それらの団体が共通して指摘していることが、開発や工場からの排煙・廃水などと並んで、第一次産業の荒廃が、生物多様性破壊の大きな原因だということである。森林の荒廃、海の荒廃、そして田畑の荒廃が同時進行で進み、その結果、たとえば魚が少なくなったり、熊やイノシシなどの野生動物が里に出没するなど、人々の生活にも影響が広がっている。

現在の農業の現場は、グローバリズムの暴力的な展開によって、生態系が破壊されてきた。それは食糧輸出国でも、輸入国でも起きてきた。米国、豪州、ブラジルなどの輸出国の現場では、耕地を広げ、大規模化を図り、そこで同じものを作るモノカルチャー化が進行している。米国では地下水の枯渇が進み、ブラジルでは熱帯雨林の伐採が加速し、オーストラリアでは無理な畑拡大が塩害の深刻化を招いている。しかも、その大規模化・モノカルチャー化を進めた土地で栽培されているのが、遺伝子組み換え作物である。

もともと農業は、世界中どこでも小規模で、資源を循環させ、生物多様性に依存してきた。農業の大規模化・効率至上主義化は、灌漑設備を整備し、農薬や化学肥料を多量に投与し、特定の作物だけを作る方法である。田畑から多様性が失われ、戦略化された商品作物が世界中に売り込まれ、途上国や日本のように輸入作物に席巻される国が増え、輸入に転じた国では農地の荒廃が進んだ。

かつて日本で当たり前に行なわれていた農業は、家族経営で、里山を守り、多種類の作物や家畜を飼い、野菜や果樹を収穫し、多様な生物とともに生きる農業だった。輸入食品の増大は、休耕田を増やし、里山を荒廃させ、資源循環を断ち切り、食の安全を脅かしてきた。

田圃や畑の生態系を守っていくためには、輸入食品を減らし、食糧主権を確立し、有機農業など環境保全型の農業を守り育てていくことが必須である。その上でさらに、農家が小規模で循環型農業で生きていかれる流通の基盤が必要である。

## 10　生物多様性を守るための新しい目標

名古屋で開催される生物多様性条約第一〇回締約国会議・カルタヘナ議定書第五回締約国会議（ＣＯＰ10／ＭＯＰ５）は、これからの地球を豊かにできるか貧しくするのか、その選択の会議であるといえる。

この会議の最大の焦点が「ポスト二〇一〇年目標」と呼ばれる生物多様性保護の新戦略目標である。二〇〇二年にオランダで開かれたＣＯＰ６で「二〇一〇年目標」が設定された。そこでは、二〇一〇年までに「生物多様性の損失速度を顕著に減速させる」目標が示された。ところが、いつの時点からという起点が示されず、実に抽象的で大ざっぱな目標だった。二〇一〇年五月一〇日に条約事務局によって、その成績が発表されたが、ほとんどの領域で損失速度に歯止めがかかっていないことが判明した。

名古屋では新たに、ポスト二〇一〇年目標が設定される。「名古屋ロードマップ」と呼ばれるものである。二〇五〇年までの長期的な目標と、二〇二〇年までの中短期的な目標が打ち出されることになっている。この目標が厳しく設定され、しかもそれが実現できれば、瀕死の地球を救うことができる。しかし、あまり厳しい目標が示されると、経済発展を阻害するということで、各国からブーイングが起き、結局実現の可能性が遠のく。生物多様性の損失に歯止めをかけ、しかも実現可能な目標を設定できるかどうかがポイントになる。

名古屋では、この新戦略目標に加えて、すでに述べてきた、カルタヘナ議定書での「責任と修復」問題、遺伝資源から得られる利益をどうやって公正・衡平に配分するかという「ＡＢＳ問題」を加えた三つのテーマが、争点であり、焦点になる。その難しい舵取りを、議長国である日本政府が担うことになる。

次回、二〇一二年にインドで開催されるＣＯＰ11／ＭＯＰ６まで、日本は議長国のままである。これまで日本政府がとってきた、先進国寄り、米国寄りの対応では、生物多様性を守ることはできない。それを変えさせるのは、私たち日本の市民の力である。


（文責・天笠啓祐）

■第2章

# カルタヘナ議定書締約国会議の焦点

■天笠啓祐

## カルタヘナ議定書とは?

一九九二年、ブラジルのリオ・デ・ジャネイロで開催された地球サミットで生物多様性条約が成立した。その条約では、第一九条でバイオセーフティ議定書を作ることが規定された。バイオセーフティとは、遺伝子組み換え生物を管理し、自然界に影響を及ぼさないようにすることである。このバイオセーフティ議定書が、二〇〇〇年一月二九日に採択された。これが「カルタヘナ議定書」と呼ばれるものである。

なぜ遺伝子組み換え生物が、生物多様性に悪い影響があるかという点については、これまで述べてきたので、詳しくはふれないが、簡単にいうと「犬の遺伝子を猫にいれる」といったように、生物多様性の基本である「種の壁」を壊すからである。生物種の壁を越えて他の生物の遺伝子を導入するのが、遺伝子組み換え技術である。そのため生物多様性がめちゃくちゃになる可能性があるからだ。

この議定書は、二〇〇三年六月一三日に発効しているが、この時点で日本は、まだ締結すらしていなかった。ずっと後ろ向きの態度で臨んでいた。この後ろ向きな姿勢は、今日まで尾を引いている。なお議定書は、成立した都市名で呼ばれるが、カルタヘナはコロンビアの都市である。

議定書は国際条約に基づくため、規制の対象は国際間の移動である。現在、大量の遺伝子組み換え作物が、輸出入されている。作物だけでなく、遺伝子を組み換えた実験用動物や、細胞、ウイルス、あるいは遺伝子そのものも取り引きされ、国際間を移動している。その時、相手国に正確な情報が届いていなかったため、扱いがぞんざいだったりして逃げ出し、生物多様性や、その持続可能な利用に甚大な影響を与える可能性がある。それを防ぐのが目的である。

このカルタヘナ議定書の第一のポイントは、生物多様性条約同様、予防原則を求めた点にある。生物種は一度失ったものは戻らないため、事前に対策を立てることが必要だからである。第二のポイントは、主に先進国からなる輸出国に正確な情報の提供を求め、そのために国内法を制定することを求めた。主に途上国からなる輸入国に対しても国内での対応を求めた。

この輸出国・輸入国に求めた規定に対応して、日本でも「カルタヘナ国内法（担保法）」が制定され、二〇〇四年二月から施行された。それ以降、遺伝子組み換え生物を扱う際には、この法律の規制を受けることになった。しかし、後で述べるが、この法律はまったく役に立っていないのである。

## 生物多様性を破壊する遺伝子組み換え生物

カルタヘナ議定書は、遺伝子組み換え生物を規制したものだが、現在その中で、もっとも問題になっているのが、遺伝子組み換え作物である。というのは野外で栽培され、流通に関しても通常の作物と同じ扱いであるため、汚染が日常化しているからである。

遺伝子組み換え作物はいま、作物としては、主に大豆、トウモロコシ、綿、ナタネの四作物が流通している。日本に入ってくるGM作物もこの四種類だが、まもなくこれにパパイアが加わろうとしている。

遺伝子組み換え技術がもたらす性質としては、除草剤に抵抗力を持たせた「除草剤耐性」と、作物自体に殺虫能力を持たした「殺虫性」の二種類である。いずれも省力化・コストダウンを目的に開発されたものである。この遺伝子組み換え作物がもたらす生態系の破壊は、大きく一〇のポイントで整理することができる。

一つ目は、殺虫性作物の作付けが広がるにつれて増えている耐性害虫の問題である。この殺虫性作物は、殺虫剤を使わなくてすみ、手間ひまかからない農業になる、というのが売り文句だった。しかし、耐性害虫の増加によって、本来は不必要だったはずの殺虫剤の使用量が増え、益虫や鳥、小動物などの減少などの形で生態系を破壊している。また、新たな害虫が出現したり、これまでは問題にならなかった昆虫が害虫化するなどの現象が起きている。

全米科学アカデミー・全米研究評議会は、ＧＭ作物の有効性が失われつつあると警告を発しており、中国ではBt綿の栽培が広がったため新たな害虫が出現、同様の事態が起きている。インドでは新たな害虫のため収量減少が起きている。

二つ目は、除草剤耐性作物の作付けが広がるにつれて増加している耐性雑草の問題である。この除草剤耐性作物は、ラウンドアップのように、植物をすべて枯らす除草剤に抵抗力を持たせたもので、除草剤を撒くとこの作物以外の雑草をすべて枯らすことができるため、手間暇かからない農業になるとして開発された。

しかし、そのすべての雑草を枯らすという仕組みに異変が起き始めた。ラウンドアップを散布しても枯れない雑草が増え続けており、除草剤の使用量や散布回数が増えているのである。米国雑草科学協会は除草剤耐性雑草が九種類になったと報告しているが、その後、一〇種類に増加していることが報告されている。

テネシー州ではこのスーパー雑草が五〇万エーカーに広がり綿の収量が三分の一に減少している。米国では一九九六年～二〇〇八年の間に三億八三〇〇ポンドも農薬の消費量が増加しており（食品安全センター等）、その大半が除草剤の増加であるとしている。

三つ目は野生植物・原生種への悪影響や汚染である。メキシコでは貴重なトウモロコシの原生種や在来種にＧＭトウモロコシから飛散した花粉による汚染が広がっている。この汚染によって、遺伝子資源を失うとともに、将来、気候変動や新たな病気などが発生した際に、これまでの品種では、対策を失う危険性が増幅している。さらに新たに中国政府がBtイネを承認したため、イネの故郷である同国での原生種や多様な在来種への影響が懸念されている。

四つ目は、除草剤耐性作物で使われる除草剤が周囲に飛散して、広範な地域で植物が枯れ、そこに依拠する野生生物が減少している。また、除草剤ラウンドアップの主成分グリホサートの使用量が年間九〇万トン（二〇一〇年）に達し、土壌の貧困化を招いている。アルゼンチンの大豆農家は、以前の二倍の除草剤を使用しているという。

五つ目は、昆虫の短寿命化や種の崩壊が加速している。除草剤耐性作物に用いる除草剤が大量に撒かれるため、餌となる植物が失われること、殺虫性作物が飛散させる殺虫毒素が直接昆虫に影響していると見られている。水生昆虫のトビケラが減少し魚介類に影響が出ることが指摘されている。またオオカバマダラ蝶のコロニーが九ヘクタール（一九九〇年代）から五ヘクタール（二〇〇九年）に減少していることも確認されている（米カンザス大学）。またBt綿を栽培すると、土壌微生物や有益な酵素が減少することも明らかになった（インド・科学技術エコロジー財団）。さらにはBt作物の花の蜜を吸ったミツバチの寿命短縮（フランス比較無脊椎神経生物研究所）や、Bt作物が蜂の学習行動を阻害する（英国のプロジェクト）ということも報告されている。

六つ目は、熱帯雨林の伐採スピードを加速し、世界中の作物の品種を減少させていることである。いま、ブラジルでは大豆畑が広がり、アジアではバイオ燃料のプランテーションが広がり、熱帯雨林を侵食している。

またモンサント社など、わずかな多国籍企業による種子支配が進行し、作物の品種の数が大幅に減少しており、飢饉発生の危険性が増幅している。

七つ目は、飼料などがもたらす家畜への影響で、米国では、殺虫性トウモロコシを餌に用いた豚の繁殖率が激減することが報告されている。また、インドでは殺虫性綿を栽培し、収穫した後に放牧した山羊や羊の大量死が起きている。

八つ目は、日本では遺伝子組み換えナタネの自生が拡大し、世界的には開発途上の危険な作物が流通しており、いったん野外に放出されるとコントロールを失うことが明らかになった。

九つ目は、除草剤耐性作物に使われる除草剤の散布による、人の健康被害が広がっていることである。アルゼンチンでは、白血病、皮膚の潰瘍、内出血、遺伝障害などが多発（コルドバ州）。一〇倍の肝臓癌、三倍の胃癌・精巣癌（サンタフェ州）などが報告されている。

一〇番目として、食品としての安全性が脅かされていることを上げることができる。二〇〇九年五月に米国環境医学会がポジションペーパーを発表したが、それによると、動物実験で明らかになってきた影響は、主に三種類に分類できる。免疫システムへの悪影響、生殖や出産への影響、解毒臓器を傷害することである（資料参照）。

以上のように、遺伝子組み換え作物が生物多様性を破壊している実態が分かってきた。

## 争点「責任と修復」

どのようにしたら、このような生物多様性破壊に歯止めをかけることができるだろうか。カルタヘナ議定書は、第二七条で損害発生での「責任と修復（救済）」の方法を確立することを求めた。遺伝子組み換え作物などが汚染等を引き起こし、生物多様性に損害を与えたり、農業などの持続可能な利用に損失を与えた場合、誰が、どのように責任を負うのか、修復の方法や損害賠償はどうするのか、といった内容を決めるよう求めたものである。

これが的確に実行されれば、生物多様性の破壊に歯止めがかけられると期待された。

しかし、その中身や方法をめぐって、これまで遺伝子組み換え作物の輸出国と輸入国の間で激しい対立が繰り返されてきた。予防原則に立つか否か、責任をGM作物開発企業にまで取らせるか否か、被害の原因の立証を被害者に求めるか否か、保証の裏付けとなる資金はどうするか、などである。なるべく弱い規制を求める、被害を起こす側の輸出国、強い規制を求める、被害を起こされる側の輸入国の間で起きた。

現在、遺伝子組み換え生物の輸出国は主に先進国であり、輸入国は主に途上国であり、南北対立がここでも起きたのである。この「責任と修復」問題は、二〇一〇年一〇月に名古屋で開かれるカルタヘナ議定書・第五回締約国会議（MOP5）での最大の争点である。

本来この「責任と修復」は、前回の会議（二〇〇八年MOP4）で決まるはずだった。その合意を妨げたのが日本政府だった。議定書に米国、カナダなどの主要輸出国は加盟しておらず、日本政府が輸入国でありながら、その代弁を行なったのである。

MOP5では、その日本政府が議長を務めることになる。予定ではこの「責任と修復」は、補足議定書としてまとめられることになっている。GM生物に対する強い規制力をもった補足議定書として成立するか否かは、日本政府の出方によるといえる。

## 資料　遺伝子組み換え食品の危険性

### 米国環境医学会のポジションペーパー

米国環境医学会（AAEM）が、遺伝子組み換え（GM）食品の即時のモラトリアムを求めた。二〇〇九年五月一九日に発表された、そのメッセージは次のようなものである。

「米国環境医学会は本日、GM食品に関するポジション・ペーパーを発表した。それは「GM食品が深刻な健康被害をもたらす」ため、そのモラトリアム（一時停止）を求めたものである。いくつかの動物実験が示しているものは「GM食品と健康被害との間に、偶然を超えた関連性を示しており」「GM食品は、毒性学的、アレルギーや免疫機能、妊娠や出産に関する健康、代謝、生理学的、そして遺伝学的な健康分野で、深刻な健康への脅威の原因となる」と結論づけることができる。

その上で、AAEMは次のことを求める。

GM食品のモラトリアムと即時の長期安全試験の実施、GM食品の全面表示の実行。

GM食品を避けることができるように、患者、医学界、市民を教育する医者の養成。

　患者の病気の過程でＧＭ食品の果たす役割を考慮する医者の養成。

　人々の健康問題とＧＭ食品との関連を調査するためにデータを集め始める、独立した長期にわたる科学的研究」（The American Academy of Environmental Medicine 2009/5/19）

　ＡＡＥＭは、一九六五年に設立された、環境問題と臨床医学を結んだ領域に取り組んでいる学会で、大気・食品・水などの汚染や生物化学兵器などが絡んだ病気を研究し、情報を提供してきた。

　では、その多数の動物実験とはどんなものなのだろうか。引用された文献は七種類で、単行本一冊に論文六つである。単行本はジェフリー・スミスの『ジェネティック・ルーレット』で、論文は二〇〇八年に発表されたイタリア食品研究所やウィーン大学の報告などである。ジェフリー・スミスの本では、多数の動物実験例や実例が紹介されている。そのごく一部を紹介しよう。

### ジェフリー・スミスによる多数の動物実験例紹介

　一九九八年にロシア医科学アカデミー栄養学研究所が行なった、遺伝子組み換え（ＧＭ）ポテトを用いた実験で、ラットに異常が起きていたことが判明した。実験に用いられたポテトは、モンサント社の殺虫性（Bt）ポテト「ニューリーフ」で、そのポテトを与えたラットの臓器や組織に損傷が生じていることが分かった。この実験結果は、八年間隠されてきたが、ロシアのグリーンピースと消費者団体による長い法廷闘争によって、二〇〇七年にようやく公開された。

　二〇〇三年、カナダ・オンタリオ州のグエルフ大学の研究者が実施した動物実験で、ＧＭトウモロコシを摂取した鶏が四二日間の飼育で死亡率が二倍になり、成長もバラバラになるという結果が出た。用いたトウモロコシはバイエル・クロップサイエンス社の「Ｔ25」（除草剤耐性）である。

　モンサント社が開発したBtコーン「ＭＯＮ８６３」について、ドイツの裁判所が情報公開を命じたことから、同社が行なったラットによる動物実験の詳細が明るみに出た。それをフランスの統計専門家が再評価したところ、モンサント社は問題ないとしていたが、体重では雄が低下、雌が増加していた。また肝臓と腎臓、骨髄細胞にも悪影響が見られた。

　その他にも数多くの実例が報告されている。ニュージーランドの市民団体がまとめた報告書で、Bt綿を運ぶ労働者の皮膚が黒く変色したり、吹き出物や水膨れが生じる例が示された。インドでは、Bt綿を収穫した後の畑を利用した牧草地で、草や葉を食べた羊や山羊が死亡するケースが相次いだ。ドイツでも殺虫性トウモロコシ（Btコーン）を飼料とした一二頭の牛が死亡している。

米国では、Btコーンを餌に用いた豚の繁殖率が激減することが報告されている。ある農家の豚の場合、約八〇％が妊娠しないし、この傾向は他の農家でも現れているという。Btコーンを与えると偽装妊娠が起き、やめると偽装妊娠もなくなるという。

二〇〇四年、フィリピン・ミンダナオ島で、Btコーンを栽培している農場の近くに住む農家の間で発熱や、呼吸器疾患、皮膚障害などが広がっていることが分かり検査したところ、三種類の抗体で異常増殖が見られ、反応が花粉の飛散時期と重なり、抗体がいずれもBtコーンにかかわることが分かった。

以上の事例は、この本で紹介されているもののごく一部である。AAEMは、このジェフリー・スミスの本以外に六つの論文を紹介している。それらについて書かれた部分を紹介しよう。

## 多数の動物実験から見る健康障害の可能性

「GM食品と健康への悪い影響の間には、偶然以上の関連性がある。ヒルズ・クライテリア（一九六五年に英国王立医学協会が出した環境と病気との関連性を見る際の基準）の定義に基づいて見ると、関連性の強さ、一貫性、特異性、生物学的傾向、生物学的妥当性の領域で因果関係が見てとれる。GM食品と病気との関連性、一貫性は、いくつかの動物実験で確認できる。[1・7]

GM食品と特定の病気の経緯との関連もまた裏づけられている。複数の動物実験が[2・7]、喘息、アレルギー、炎症に関係するサイトカインの変化を含む、免疫上重大な変調をもたらすことを示している。

いくつかの動物実験はまた、肝臓の構造や機能の変化を示している。そこには脂質や炭水化物の代謝の変化とともに細胞質の変化も含まれており、それは老化を早め、活性酸素の増加を導くと思われる。[3・4・6]

さらには腎臓、膵臓、脾臓の変化も記録されている。[2・4・6]

二〇〇八年に発表された最近のBtトウモロコシと不妊に関する研究では、マウスで有意な子孫の減少と体重の減少を示した。この研究はまた、GMトウモロコシを与えたマウスで四〇〇を超える遺伝子に顕著な変化が起きていた。[4]これらの遺伝子は、タンパク質の合成や細胞間の情報伝達、コレステロールの合成、インスリンの抑制を制御していることで知られている。

ある研究では、GM飼料を用いた動物に腸の損傷が起きていた。そこには増殖性細胞の増加や腸の免疫システムの崩壊も含まれる。[2]

生物学的傾向を見るためにＳ・クロスボらが行なった実験では、Bt米を食べたラットでBt毒素に特異に反応するIgAが見られた。[7]」

免疫への影響では、イタリア食品研究所のエレーナ・メンゲリらが行なった研究などが引用されている。その実験で用いたＧＭトウモロコシは「ＭＯＮ８１０」（殺虫性）で、マウスに三〇日間と九〇日間与え、腸、上皮、脾臓、リンパ球を調べている。その結果、三〇日間、九〇日間いずれも、対照群（非ＧＭ飼料）に比べて、生後二一日の幼いマウス、一八～一九月齢の年とったマウスでＴ細胞、Ｂ細胞などの割合で有意の差が見られた。また、ＭＯＮ８１０を摂取した後に、ＩＬ―６、ＩＬ―１３などが増加していた。この結果について実験者は、同じ年齢に当たる人間への影響が懸念されるとしている。[2]

また、デンマーク国立食品研究所のＳ・クロスボら、英国、スコットランド、中国の研究者は共同で、ラットにＧＭ米を与えて、免疫毒性学的研究を行なった。用いたＧＭ米には、Bt毒素の一つCry1Abを作る遺伝子を導入した。また、インゲン豆のレクチン遺伝子もポジティブ・コントロールに用いた。総免疫グロブリンなどが調べられたが、Bt毒素に特異に反応するIgAが見られた。[7]

肝臓への影響では、イタリア・ベローナ大学のＭ・マラテスタら、いくつかのイタリアの大学の研究者が共同で行なった、年老いた雌のマウスでＧＭ大豆を用いた実験がある。結果は、乳離れ以来二四月齢までＧＭ大豆を与えた集団は、対照群（非ＧＭ大豆）に比べて、肝細胞の代謝、ストレス反応、カルシウムによる情報伝達、ミトコンドリアにかかわるタンパク質の発現で特異的な変化が見られた。また肝細胞で核とミトコンドリアの変化が、代謝の衰えとともに見られた。[3]

また、不妊や子孫への影響では、オーストリア政府が支援しウィーン大学獣医学教授ユルゲン・ツェンテクらが行なった実験が、引用されている。この実験で用いたＧＭトウモロコシはモンサント社の「ＮＫ６０３（除草剤耐性）、とＭＯＮ８１０（殺虫性）」を掛け合わせたもの。実験は長期摂取による影響を調べたもので、二種類行なわれた。一つ目は、四世代にわたる観察試験で、外見の変化に加えて、組織学的、分子生物学的分析も行なわれたが、ここでは対照群に比べて有意差は出なかった。二つ目は、継続的繁殖試験（二〇週で四回出産）で、ここでは有意の差が出た。後者の実験では、ＧＮトウモロコシを三三％含んだ飼料を与えたマウスが、対照群（非ＧＭ飼料）に比べて、三、四世代目で子孫の減少と体重の減少があった。[4]

これらの実験で用いられたＧＭ食品は、そのほとんどが日本では食品として承認されている。環境医学会が指摘するように、GM食品の即時流通停止を行ない、安全性を全面的に見直す時期に来ているように思う。また消費者が選べるように、食品表示の抜本的な改正も必要である。

## 引用文献

1 ジェフリー・スミス「Genetic Roulette」Yes Book, 二〇〇七年。
2 E・メンゲリ（イタリア食品研究所）らのGMトウモロコシ（MON810）を用いた実験の論文、Agricultural and Food Chemistry、二〇〇八年。
3 M・マラテスタらのGM大豆を用いた実験の論文、Histochemistry and Cell Biology、二〇〇八年。
4 J・ツェンテック（ウイーン大学）らのGMトウモロコシ（NK603×MON810）を用いた実験の論文、Family and Youth、二〇〇八年。
5 A・プシュタイ（ロウェット研究所）らのGMジャガイモを用いた実験の論文、Lancet、三五四。
6 A・キリックらのBtコーンを三世代にわたりラットに投与した実験の論文、Food Chemistry and Toxicology、二〇〇八年。
7 S・クロスボらのGM米を用いた実験の論文、Toxicology, 二〇〇八年。

以上は、『週刊金曜日』に掲載した原稿に加筆したものであるが、その後も、新たな動物実験例が紹介された。それは、フランスのカーン大学とルーアン大学の研究チームが行なった動物実験で、ラットに異常が起きていることがわかった。用いたGMトウモロコシは、いずれもモンサント社の殺虫性（Bt）トウモロコシのMON810、MON863、除草剤耐性トウモロコシのNK603である。それらを九〇日間ラットに与えた。生化学的分析が行なわれ、その結果、腎臓と肝臓といった食物解毒臓器に悪影響がみられた。さらには心臓、副腎、脾臓、造血器官に損傷が見られたというもの。実験結果は、『国際生物科学ジャーナル』誌に発表された。論文では、さらに長期にわたる影響を研究する必要があると述べている。（Int J Biol Sci 2009;5,706-726）

さらにはロシアの研究グループが、GM大豆をハムスターに与えると生殖機能に影響がでる、という研究結果を明らかにした。実験は、二年間、三世代にわたりハムスターにGM大豆を食べさせたもの。雄雌のペア五組ずつ、四グループのハムスターに、普通の餌とともに、大豆なし（コントロール）、非GM大豆、GM大豆、高濃度のGM大豆を混ぜて与えて行なった。それぞれのペアが七〜八匹の仔を産み（第二世代）、その仔同士のペアがさらに仔を産んだ（第三世代）。

その結果であるが、コントロール群では五二匹、非GM大豆グループでは七八匹の仔が生まれたが、GM大豆グループでは四〇匹しか生まれず、そのうち二五％が死んでしまった（コントロール群の死亡率（五％）に比べると五倍）。さらに、高濃度のＧＭ大豆グループでは、たった一匹の雌しか仔を産まず、生まれた一六匹のうち二〇％が死んだ。成長・成熟もＧＭ大豆を与えたグループの方が遅く、第三世代では口腔内に毛が生える個体も確認されたという。（Huffington Post, 2010/4/20）

■第3章

# カルタヘナ議定書締約国会議へ向けた市民提言

■食と農から生物多様性を考える市民ネットワーク

## 経緯

「バイオセーフティに関するカルタヘナ議定書」(以下議定書)

生物多様性条約(以下条約)の目的は、生物多様性の保全とその構成要素の持続可能な利用、遺伝資源の利用から生ずる利益の公正かつ衡平な配分です。

同条約では、LMO(人間が操作して作る生命操作生物。遺伝子組み換え生物に細胞融合生物を加えたもの)は従来の生物とは基本的に異なる生物であるとの前提から、特別に扱うよう規定しています。この規定にもとづいて、GM(遺伝子組み換え)作物などLMOの国境間の移動により、生物多様性やその持続可能な利用に悪影響を及ぼさないよう、移送と取り扱い、利用の仕方を規制するために、カルタヘナ議定書が作られました。

このほか、同議定書は予防原則(慎重原則)の確立と遺伝資源国の利益保護を義務付けています。また、保護の対象はあらゆる生物とし、農業など人間による他の生物の利用、人間の健康が含まれます。

現在、同議定書には一五七の国と地域が加盟していますが、食糧輸出大国のアメリカ、カナダ、オーストラリア、アルゼンチンは未加盟です。

### カルタヘナ議定書第二七条「責任と修復（Liability and Redress）」

同議定書は第二七条で、ＧＭ作物などＬＭＯの国境間の移動によって損害が生じた場合、誰が責任を負い、どのように損害を修復・賠償するかをめぐる国際制度をつくることを定めています。

カルタヘナ議定書第五回締約国会議（ＭＯＰ５）では、この国際制度が法的拘束力をもつ補足議定書として定めるための議論が行なわれます。

### 日本のカルタヘナ国内法の欠陥

ＧＭ作物の輸入大国である日本は損害を受けやすい国です。日本ではＧＭナタネの自生が拡大し、生物多様性への悪影響が顕在化しており、このまま放置すると日本の食や農、環境に重大な問題を引き起こしかねない状況です。未承認ＧＭ作物の流通事件も起きており、遺伝子汚染を食い止めることが極めて困難なことが明らかになってきています。このため、予防原則に基づいた対策が求められます。

カルタヘナ議定書に加盟した日本は「カルタヘナ国内法」を制定しましたが、野生植物だけを対象としており、栽培作物は対象外となっています。単なる手続き法的な機能しかなく、新たなＧＭ作物を機械的に次々と承認する仕組みになっており、生物多様性の保護の観点からは程遠い規制になっています。

また、規制力が乏しいため、大学などでＧＭ細菌をかってに廃棄したり、ＧＭ実験用動物を逃走させるなど、違反が頻発しています。このような違反に歯止めをかける必要があります。また、ＬＭＯの中にはクローン動物が含まれていません。遺伝的に同じ生命体を作り出すクローン技術は、生物多様性と対立します。

現在、途上国も主食など大量の食料を先進国から輸入していますが、遺伝資源が豊富な途上国で損害が起きれば、地球の生物多様性は多大な損害を受けます。また、途上国は政治的・経済的に、先進国よりも立場が弱く、国内の体制では対応しきれないため、厳格な国際的危機管理体制の確立を求めています。

## 私たちの提言

以上の点を考慮した上で、次の提言を行ないます。

提言一：カルタヘナ議定書第二七条「責任と修復」補足議定書の策定に向けて提言します。

①予防原則（慎重原則）によるリスク管理にもとづいた国際制度を求めます。

この原則は、公害病やアスベスト被害など過去の教訓から学び、危険性について科学的に証明されていない場合でも、あとで取り返しがつかない被害を出さないよう、念のために対策を取るという原則です。ＬＭＯによる過去の過ちを繰り返さないために不可欠の原則です。

②適用範囲として、ＬＭＯのみならず、ＬＭＯおよびその生成物を含めることを求めます。

近年、現実の被害はＬＭＯそのものだけでなく、その生成物によって間接的に起きる可能性があることを示す科学的知見が発表されています。

③事業者の定義を広範囲の事業者を含むものにすることを求めます。

ＬＭＯの国境を越える移動には、様々な事業者が関わります。汚染者負担の原則にもとづき、製造物責任法（ＰＬ法）同様、損害の直接の原因となった事業者（その多くは中小の零細企業や農家）だけでなく、損害の原因になったＧＭ種子などのＬＭＯ開発メーカーや販売業者にも修復・賠償義務を課す必要があります。

④民事賠償規定を補足議定書に明記することを求めます。

⑤責任では、損害を発生させた事業者は、故意や過失がなくても、賠償責任を負うという無過失責任（厳格責任）を基準とすることを求めます。

⑥財政的保障制度を明記することを求めます。

開発、販売以外の事業者のほとんどは中小企業であるため、賠償能力がありません。このため、加害事業者の倒産に備えた基金や保険の義務付け、被害者が泣き寝入りを強いられないような制度にすることが不可欠です。

提言二：カルタヘナ国内法の改正に向けて提言します。

①ＧＭナタネの自生、野生化、交雑に見られるように、ＧＭ作物による生物多様性への制御不能な事態に歯止めとなる仕組みを求めます。

②現国内法ではＧＭ作物がもたらす生物多様性に対する環境影響評価を交雑可能な近縁の野生植物に限定していますが、人間の健康や農作物を含めた、あらゆる生物への影響を評価し、また、ＧＭ作物導入にともなう農法の変化、使用する農薬やその散布の方法の変化、モノカルチャー化の進行がもたらす影響も評価することを求めます。

③現在の農水省の指針に基づく交雑防止のための隔離距離を抜本的に見直し、北海道の試験結果をふまえ、花粉の寿命を考慮した隔離距離を設定することを求めます。

④北米でＧＭ鮭が開発されるなど、ＧＭ動物の種類も数も

増え続けています。これまで大学などで繰り返し起きてきた、ＧＭ動物逃走などのカルタヘナ国内法違反をなくすよう、規制を強化するとともに、動物の福祉に配慮する形で、国内法の改正を求めます。

⑤これまでクローン動物は、ＬＭＯから除外されてきましたが、クローン技術は生物多様性と真っ向から対立する技術です。この技術をＬＭＯの中に含めることを求めます。

⑥参議院で採択されたカルタヘナ国内法附帯決議を速やかに実施することを求めます。

## 資料

### ＧＭ作物が生物多様性を脅かしている事例

ＧＭ作物の生産地が増え、輸出入が増えるにしたがって、様々な問題が起きています。未承認作物の交雑・混入事件やＧＭ植物が自生し、すでに野生化したり、近縁の植物と交雑したものも発見されています。ＧＭ作物の国境を越えた移動による、損害とそのリスクが世界的に拡大しています。スターリンク・トウモロコシやリバティリンク・ライスなど、ＧＭ作物が経済的な損害をもたらした事件は、世界で既に数百件起きており、その損害は金銭的に表面化しているものだけで、計数十億ドルにのぼっています。

### これまでの事例

ＧＭナタネの自生・野生化および他の植物との交雑。

除草剤耐性作物の増大により、除草剤に枯れない耐性雑草の増加。

殺虫性作物の増大による、殺虫毒素で死なない耐性害虫の増加。

除草剤耐性作物に使われる除草剤の散布による、人の健康被害や周囲の自然の破壊とそこに依拠する野生生物の減少。

殺虫性作物の毒素による、蜜蜂や蝶などの昆虫、土壌や水生生物への悪影響。

遺伝子汚染がもたらす、原生種や野生植物の危機。

モノカルチャー化の進行による、品種数の大幅な減少。

ＧＭ作物栽培地に放牧した家畜の死亡等。

ＧＭ食品による、人の健康への影響の懸念。

今後、起こりうる事として、バイオテクノロジーの応用の広がりとともに、ＧＭ微生物やＧＭ動物など、より危険な生命体が作られ、従来では考えられなかった損害が発生することが予想されます。

### 提言に関連する条約および議定書条文

生物多様性条約第一九条三　ＬＭＯについて

「締約国は、バイオテクノロジーにより改変された生物であって、生物多様性の保全及び持続可能な利用に悪影響を及ぼす可能性のあるものについて、その安全な移送、取扱い及び利用の分野における適当な手続き（特に事前の情報に基づく合意についての規定を含むもの）を定める議定書の必要性及び態様について検討する」（日本政府訳）

カルタヘナ議定書第二七条　責任と救済

「この議定書の締約国の会合としての役割を果たす締約国会議は、その第一回会合において、改変された生物の国境を越える移動から生ずる損害についての責任及び救済の分野における国際的な規則及び手続きを適宜作成することに関する方法を、これらの事項につき国際法の分野において進められている作業を分析し、及び十分に考慮しつつ採択し、並びにそのような方法に基づく作業を四年以内に完了するよう努める」（日本政府訳）

カルタヘナ議定書第一〇条六　予防原則

「組み換え生物が輸入締約国での生物多様性の保全と持続可能な利用に及ぼす、人の健康への危険も考慮した潜在的な悪影響の程度に関して、関連する科学的な情報や知識が不十分であるために科学的な確実性がないことは、その輸入締約国がそのような潜在的悪影響を回避または最小にするため、適当な場合には、当該改変生物の輸入について三に定める決定を行なうことを防げるものではない」（日本政府訳）

**遺伝子組換え生物等の使用等の規制による生物の多様性の確保に関する法律（カルタヘナ国内法）附帯決議（平成一五年四月二二日）**

政府は、本法の施行に当たり、次の事項について適切な措置を講ずべきである。

1　遺伝子組み換え生物等による生物多様性影響については未解明な部分が多いことから、科学的知見の充実を急ぐとともに、「リオ宣言」第一五原則に規定する予防的な取組方法に従って、本法に基づく施策の実施に当たること。

2　遺伝子組み換え生物等による生物多様性影響の防止に万全を期するため、環境省のリーダーシップの下、関係省庁間の十分な連携を図るとともに、本法実施に係る人員・予算の確保等必要な体制の整備に努めること。

3　遺伝子組み換え生物等に対する国民の懸念が増大していることにかんがみ、「基本的事項」を定めるに当たっては、広く国民の意見を求め、その結果を十分に反映させるとともに、国民に分かりやすい内容のものとすること。また、「基本的事項」の施策後においても、十分な情報公開の下、国民とのリスクコミュニケーションを積極的に推進すること。

４　「生物多様性影響評価書」の信頼性を確保するため、評価手法・基準等を定めるに当たっては、国民のコンセンサスを十分に得るため、広く意見を求めること。また、評価後におけるモニタリングの実施とその結果の情報開示が図られるようにすること。

５　遺伝子組み換え生物等の第一種使用等の承認に当たっては、関係する国際機関における検討や諸外国の研究成果等を踏まえつつ、学識経験者の意見を尊重し、客観的な評価の下に行なうこと。

６　遺伝子組み換え食品の安全性に対する消費者の不安が大きいことから、その安全性評価を行なうに当たっては、科学的知見を踏まえ慎重を期するとともに、表示義務の対象、表示のあり方、方法についても検討を行なうこと。

７　遺伝子組み換え生物とともに移入種による生物多様性影響が懸念されていることから、移入種対策に係る法制度を早急に整備すること。

８　国際的な生物多様性の確保を図るため、生物多様性条約、カルタヘナ議定書を締結していない米国等に対し、あらゆる機会を利用して同条約、同議定書に参加するよう積極的に働きかけること。

[編者略歴]

遺伝子組み換え食品いらない！キャンペーン

1992年頃から、遺伝子組み換え食品に反対して運動に取り組んできた日本消費者連盟を軸に、生協や産直運動組織、個人、生産者などが集まり設立した市民団体。

1996年に正式に発足、現在はここで紹介したGMナタネ自生調査以外に、GMOフリーゾーン運動、食品表示改正運動、大豆畑トラスト運動など実践的な運動を進めている。

連絡先・東京都新宿区西早稲田1-9-19-207
電話・03-5155-4756　FAX・03-5155-4767

[執筆者一覧]

河田昌東（かわだまさはる）遺伝子組み換え情報室代表、遺伝子組み換え食品を考える中部の会
金川貴博（かながわたかひろ）京都学園大学バイオ環境学部教授
天笠啓祐（あまがさけいすけ）市民バイオテクノロジー情報室代表、遺伝子組み換え食品いらない！キャンペーン代表
清水亮子（しみずりょうこ）市民セクター政策機構
生井兵治（なまいひょうじ）元筑波大学教授
奥田富美子（おくだふみこ）グリーンコープ生協おおいた理事長
川原ひろみ（かわはらひろみ）グリーンコープ かごしま 生協理事長
田原幸子（たばらさちこ）グリーンコープ生協ふくおか理事長
赤堀ひろ子（あかほりひろこ）生活クラブ生協静岡前理事長、生活クラブGM食品問題協議会メンバー
大沼和世（おおぬまかずよ）生活クラブ生協都市生活常任理事
吉田正美（よしだまさみ）生協エスコープ大阪常務理事
石川豊久（いしかわとよひさ）遺伝子組み換え食品を考える中部の会
八田純人（はったすみと）農民連食品分析センター

クリティカル・サイエンス―6

# 遺《い》伝《でん》子《し》組《く》み換《か》えナタネ汚《お》染《せん》

2010年10月20日　初版第1刷発行　　定価2000円＋税

編　者　遺伝子組み換え食品いらない！キャンペーン©
発行者　高須次郎
発行所　緑風出版
〒113-0033　東京都文京区本郷2-17-5　ツイン壱岐坂
［電話］03-3812-9420　［FAX］03-3812-7262
［E-mail］info@ryokufu.com
［郵便振替］00100-9-30776
［URL］http://www.ryokufu.com/

装　幀　斎藤あかね
制　作　R 企 画　　印　刷　シナノ・巣鴨美術印刷
製　本　シナノ　　用　紙　大宝紙業　　E1500



Printed in Japan　　ISBN978-4-8461-1013-0　C0340

**健康食品は効かない!?**
ふだんの食事で健康力アップ
渡辺雄二著
四六判並製
一九二頁
1600円
グルコサミン、コンドロイチン、ヒアルロン酸、アガリクス、ローヤルゼリーやダイエットサプリ――新聞やCMでおなじみの、あの健康食品はホントに効くの？　商品別に徹底分析し、ふだんの食事で健康力アップの方法を提案。

**ヤマザキパンはなぜカビないか**
[誰も書かない食品&添加物の秘密]
渡辺雄二著
四六判並製
一九二頁
1600円
あらゆる加工食品には様々な食品添加物が使われている。例えば、ヤマザキパンは臭素酸カリウムという添加物を使っているが、発ガン性がある。コンビニ弁当・惣菜から駅弁、回転寿司まで食品と添加物の危険性を総ざらえする。

**食不安は解消されるか**
藤原邦達著
四六判上製
三一二頁
2200円
食品安全基本法と改正食品衛生法が成立した。食中毒、農薬汚染・ダイオキシン汚染や環境ホルモン、遺伝子組み換え食品等から食の安全を守るのが目的だが、はたして、根深い消費者の食不信、食不安、食不満を解消できるのか？

**狂牛病**
――イギリスにおける歴史
リチャード・W・レーシー著／渕脇耕一訳
四六判並製
三一二頁
2200円
牛海綿状脳症という狂牛病の流行によって全英の牛に大被害がもたらされ、また、人間にも感染することがわかり、人々を驚愕させた。本書は、まったく治療法のないこの狂牛病をわかりやすく、詳しく解説した話題の書！

**バイオパイラシー**
グローバル化による生命と文化の略奪
バンダナ・シバ著／松本丈二訳
四六判上製
二六四頁
2400円
グローバル化は、世界貿易機関を媒介に「特許獲得」と「遺伝子工学」という新しい武器を使って、発展途上国の生活を破壊し、生態系までも脅かしている。世界的な環境科学者・物理学者の著者による反グローバル化の思想。

**教えて！バイオハザード**
〔Q&A〕基礎知識から予防まで
バイオハザード予防市民センター著
A5判変並製
二二四頁
1800円
米国の炭疽菌事件はバイオテロの恐怖を実感させ、遺伝子組み換え生物などバイオテクノロジーの発展は、関連施設の急増を招き、バイオハザード＝生物災害の危険を身近なものにしている。バイオハザードとは何かをQ&Aで解説。